IMPRESS NextPublishing

はじめよう DEXCS OpenFOAM

小南 秀彰 著

スパコン富岳でも使われる
CFDツールの解説書！

GIJUTSU no IZUMI SERIES
泉
POWERED by NEXTPUBLISHING

技術の泉
SERIES

インプレス

目次

はじめに

著者より読者へ

　専門家の間では数十年前から、身の回りの空気や水の流れを理論的に計算できる「流体解析シミュレーション」というソフトウェアが知られていましたが、個人で入手できるような金額ではありませんでした。しかし、科学技術とりわけ電子計算機に係る分野での進歩が著しく、個人の趣味の範囲でも流体解析シミュレーションができるようになってきました。もしも身の回りの風や水流が誰でも理論計算できるようになると、小さな気づきにつながり、毎日の生活が楽しくなるのではないかと思っています。読者の皆様にもそのように発見にあふれた毎日があるとよいと願っています。

想定する読者

　これまで他の流体解析シミュレーションソフトを使った経験があり、OpenFOAMというオープンソースの流体解析シミュレーションソフトに興味を持った方。大学等の教育機関に所属する学生で指導教官等からの推薦等を契機として、初めて触れる流体解析ソフトがOpenFOAMである方。流体解析シミュレーションソフトに興味があるが商用ソフトが高価すぎて手を出せないため、オープンソースで無料のOpenFOAMを使ってみたいと思っている方。

　あるいは、インテリアコーディネータや建築意匠設計というような仕事で3D-CADを操作した経験があり、室内空調や建築物周辺風環境に興味があって、流体解析シミュレーションによる気流の可視化に興味がある方。

OpenFOAMとは

　OpenFOAMはオープンソースのプログラムで、もともとはさまざまな数値計算で微積分方程式を簡単に計算できるようにすることを意図したC++言語用の数値計算ライブラリーです。そのため、最初に流体/連続体シミュレーションの研究コードを開発するためのプラットフォームとして、アカデミアの機関から普及が始まりました。流体解析用には、各種の乱流モデル、燃焼モデル、自由表面モデル、混相流モデルなどが多く組み込まれてきました。そして、組み込まれるモデルが増えるに従って、徐々に産業界への普及が始まっています。オープンソースのため、各種の派生版があります。

オープンソースとは

　本書籍で想定している読者にとっては、「無料で使用できるソフト」だという理解でよいでしょう。オープンソースと総称していても使用ライセンスの内容は様々で、個人的な使用を認めていても業務での使用を認めていない場合があります。無料で使用できるソフトとして「フリーソフト」という呼称もあり、厳密にはオープンソースと異なりますが、本書で想定している読者にとってはほとんど同じでしょう。

DEXCS版OpenFOAMとは

　本書籍が前提にしているDEXCS版OpenFOAMの2022年版には、OpenFOAMの安定版 (Version2206)が流体解析用のソルバーとして使われています。OpenFOAM自体はコマンド入力で操作するソフトで、実践的な3次元形状での流体解析をしたいときは、形状作成用の3D-CADソフト、メッシュ生成用のソフト、結果を図化するポストソフトなども必要です。DEXCS版はこれらのソフトを全て含んでいて、ソースコードをコンパイルした実行形式ファイルとしてLinux(OS)の上にインストールされている環境のため、そのままですぐに使用できるようになっています。すでにWindows(OS)やmacOSがインストールされている端末でDEXCS版を動かしたいときは、仮想マシンソフトを使う方法があります。

　DEXCS版に含まれているソフトの全てがオープンソースで、無料で個人使用や業務使用が可能です。オープンCAE学会の中の研究会が中心となって、普及活動をしています。

Linuxの基礎操作について

　おそらくLinuxに触れたことのない読者が大半だと思われます。GUIの操作性に関しては、ソフトの操作性の差のみでWindowsと変わりません。ファイル操作については　Windowsのエクスプローラと同様のソフトがあり、WEBブラウザーはGoogleChromeなどがあり、動画や音楽の再生も可能です。本来のOpenFOAMはコマンド操作のソフトでLinuxのシェルコマンドなどの知識が必要ですが、DEXCS環境にはGUIのランチャーがあるため、Linuxの知識はほとんどいりません。

　Windowsとの違いを下記に記載します。

* PCに接続している機器も全てファイルとして扱っていて、ファイル構成の考え方がシンプルです。
* アクセス権限が厳格です。ホームフォルダー内では、ログインした一般ユーザーが自由にアクセスできますが、そのフォルダー以外にはアクセスできません（つまり他のユーザーのホームフォルダーにアクセスできません）。root権限（管理者権限）でログインすれば全てにアクセスできます。各ユーザー間でホームフォルダー内のアクセスを可能にするためには、通信ソフトを使う必要があります。
* Linuxはファイル名の大文字と小文字を区別しているため注意が必要です（Windowsはファイル名で大文字と小文字の区別があるように見えますが、DOSコマンドのレベルでは大文字と小文字を区別していません）。また、Windowsのように文字数の長いファイル名にシステムレベルで対応していません(LinuxのGUIソフトでは対応しています。WindowsのExplorerとDOSファイル名の関係に似ています)。
* テキストファイルの改行コードと漢字などの2バイト系文字の文字コードが異なります。Window標準のメモ帳などでは文字化けをするため、各種の文字コードに対応したエディターを使う必要があります。

DEXCS版OpenFOAMでのLinux(OS)のファイル構成の概略を図1に記載します。説明に関係ないため、図に記載していないフォルダーがあります。

図1: ファイル構成

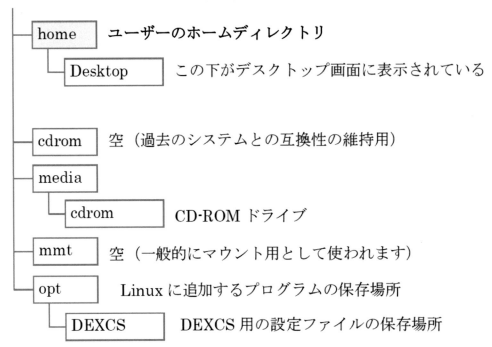

Linux の GUI 操作環境はディストリビューションによって相違があり、アイコンが配置されている場所などに相違があります。また、ディストリビューションには無料のオープンソース版と有料の商用版があります。DEXCS版OpenFOAMは、オープンソース(無料)のLinux/ubuntuというディストリビューションを採用しています。

FreeCADの基本操作について

流体解析シミュレーションを行うには、最初に対象の建築物や装置や機器の形状を3D-CADで作成する必要があります。DEXCS版OpenFOAMにはFreeCADというオープンソースの3D-CADソフトが含まれているため、それを使用して作成することも可能です。また、他の3D-CAD-CADソフトで作成したデータを使用することも可能です。本書では、FreeCADを使って流体解析シミュレーションを行うことを前提として記載しています。もしもFreeCADを使っていろいろな装置の形状を作成して流体解析シミュレーションを行いたいのであれば、市販の書籍またはWeb上の情報によって各自で学習してください。

お問い合わせ

・本書籍に関するお問い合わせ：sagittarius.chiron.opencae@gmail.com

免責事項

本書籍は情報提供のみを目的としています。したがって、計算した結果および計算結果を利用した開発と設計の行為の内容について筆者はいかなる責任も負いません。

底本について

本書籍は、技術系同人誌即売会「技術書典14」で配布した同人誌「はじめよう DEXCS OpenFOAM 2022年版」（サークル名：Sagittarius_Chiron）を底本に、加筆・修正を加えています。

謝辞

継続して DEXCS 版を開発されている野村悦治氏に感謝いたします。DEXCS 版を知らなければ、OpenFOAM を使い始めることはありませんでした。また、普段より OpenFOAM に関する有益な情報を提供してくださっているオープン CAE 学会の多くの関係者に御礼申し上げます。

表記関係について

本書籍に記載されている会社名、製品名などは、一般に各社の登録商標または商標、商品名です。会社名、製品名については、本文中では©、®、™マークなどを表示していません。

第1章　練習問題（ビル群周囲の気流）

1.1　DEXCS版OpenFOAMの起動と終了

　DEXCS版OpenFOAMを起動すると、ログイン画面になります。ユーザー名とパスワードを入力してください。インストールしたときに"自動でログインする"ように設定していれば、入力を求められません。

　ログイン後は図1.3のような画面になります。

図1.1: ログイン後の画面

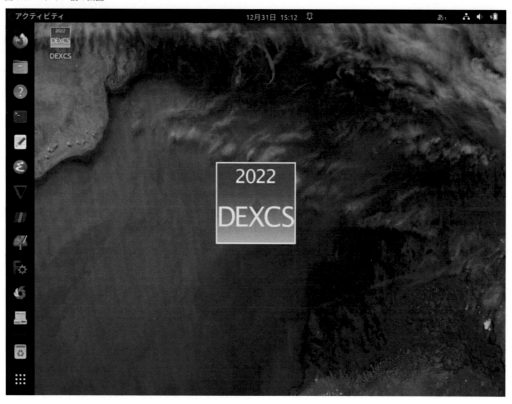

　Linux/ubuntuの終了方法を図1.4に示します。

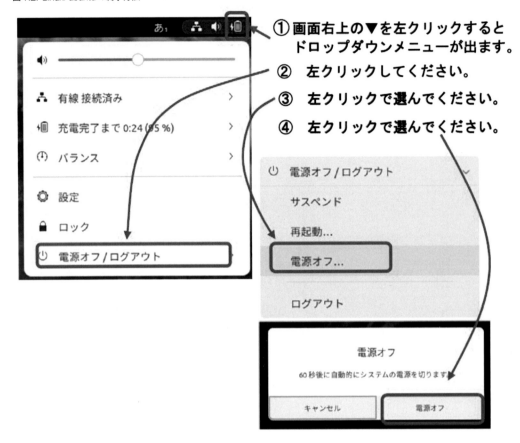

1.2　例題の説明

図1.3のようなビル群を3D-CADで作成して、ビル群の周囲の気流解析シミュレーションをしましょう。

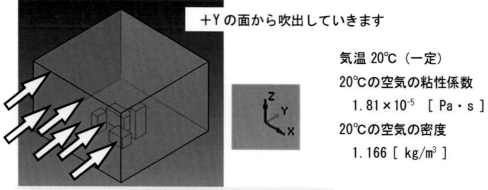

＋Yの面から吹出していきます

気温 20℃（一定）
20℃の空気の粘性係数
　1.81×10^{-5} ［Pa・s］
20℃の空気の密度
　1.166 ［kg/m^3］

−Yの面から、均一な風速 10m/s で吹き込みます

FreeCADのバージョンについて

執筆時点 (2022/11/14) では、AppImage 版 (安定版) が ver0.20 で Daily 版 (テスト版) が ver0.21 です。DEXCS2022 for OpenFOAM をインストールした直後は、AppImage 版となっています。公式のインストール説明書に FreeCAD の AppImage 版 (安定版) と Daily 版 (テスト版) を切り替える方法が記載されています。以下の説明は、AppImage 版 (安定版) の ver0.20 を使っています。

1.3　解析Caseフォルダーの設定

DEXCS 2019 for OpenFOAM から、それ以前にあった DEXCS ランチャーがなくなり、3D-CAD ソフトの FreeCAD から各種の操作を行うように変わっています。

デスクトップに左側にあるランチャーバーで『FreeCAD』を起動してください（図1.4）。

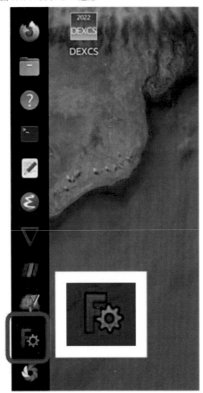

　FreeCADのメニューバーから「ファイル」→「新規」を選んでください。新規図面のタブが新しく作成されます。

　FreeCADのメニューバーから「ファイル」→「名前を付けて保存」を選んでください。

Desktopに tut/tut03という新しいフォルダーを作り、その中に building.FCStd という名前で保存してください（図1.5）。

図 1.5: FreeCAD のファイル保存

フォルダーの新規作成

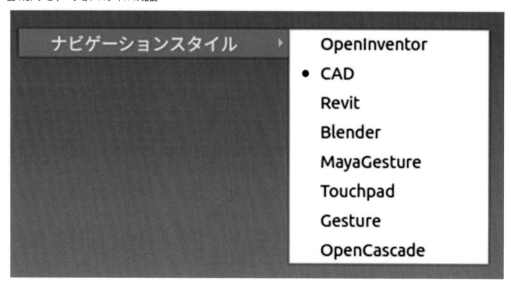

ファイルを保存するタイミングはあとでもよいのですが、最初の今のタイミングで保存することによって、tut/tut03が解析Caseフォルダーであるのが明確になります。

1.4 形状の作成

CAD形状を作成するエリアの何も形状がない場所に、マウスカーソルを移動させて右クリックしてください。ドロップダウンメニューからナビゲーションスタイルを左クリックすると、現在のナビゲーションスタイルを確認することができます。デフォルトでは"CAD"になっています（図1.6）。

図 1.6: ナビゲーションスタイルの確認

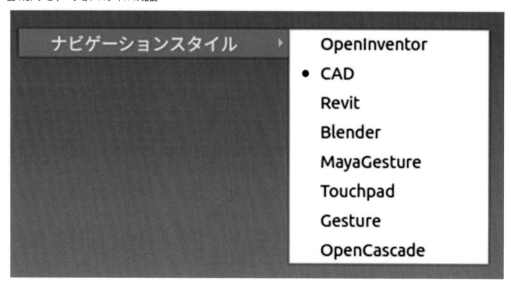

ナビゲーションスタイルのマウス操作について確認しましょう。FreeCADのメニューバーで「編集」→「設定」を選んだのちに、図1.7の指示にしたがって操作をしてください。この画面でナビ

ゲーションスタイルを変更できます。最後に右下の「OK」を左クリックしてください。

図1.7: ナビゲーションスタイルの変更

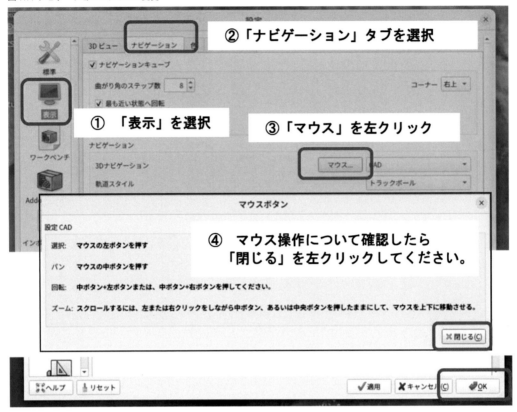

ワークベンチを切り替えてください（図1.8）。

図1.8: ワークベンチの切替

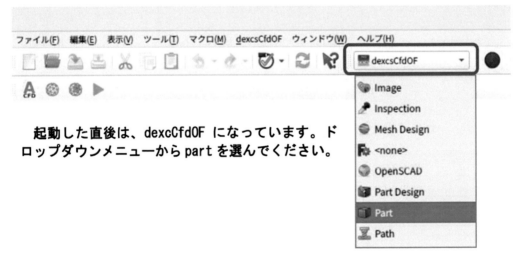

起動した直後は、dexcCfdOF になっています。ド
ロップダウンメニューから part を選んでください。

FreeCADの画面操作について図1.9に示します。

図1.9:

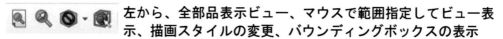

左から、全部品表示ビュー、マウスで範囲指定してビュー表示、描画スタイルの変更、バウンディングボックスの表示

ビューの切替アイコン：左から、俯瞰図、正面、上面、右側面、背面、底面、左側面

投影方法の変更：メニューバーから「表示」

標準のFreeCADにはないDEXCS特有の拡張機能(DEXCSツールバー)が、デフォルトでは左側に表示されています。DEXCSツールバーには、流体解析シミュレーションで比較的によく使う機能がまとめられています。DEXCSツールバーのアイコンを図1.10に示します。ここでは、形状作成に必要なものだけに注釈をつけておきます。その他については、必要になったときに説明します。

図1.10: DEXCSツールバー

 アスキー形式の stl ファイル作成

 複数の形状の和集合作成

 オブジェクトの表面積・体積・重心の表示

ダウングレード(下位のシェイプ要素への分解)

ビル群の3D形状を作成するため、まずは表1.1に載っている複数の立方体を作成します。「立方体」～「立方体003」が建物です。「立方体004」は解析領域のメッシュサイズを制御するために使います。「立方体005」は解析領域の全体です。

表 1.1: 作成する立方体

	立方体	立方体001	立方体002	立方体003	立方体004	立方体005
Position:x	0	60	0	80	-25	-100
Position:y	0	0	50	50	-25	-100
Position:z	0	0	0	0	0	0
Box:Length	20	45	60	20	150	300
Box:Wide	30	30	30	35	150	300
Box:Higkt	50	30	40	80	100	200

あえて単位を記載していない理由は、メッシュ作成用マクロが単位系の情報を参照しないためです。

FreeCADのメニューバーから「編集」→「設定」→「標準」→「単位」という操作で使用する単位系を、標準(mm/kg-s)やMKS(m/kg-s)などから選ぶことができます。また、「編集」→「設定」→「インポート/エクスポート」という操作で、STEPやIGESなどのCADファイルを入出力するときの単位系を選ぶことができます。しかし、どのような組み合わせにしようと、あとで行うメッシュ作成方法ではFreeCADで入力した値になり、その数値の単位はm(メートル)だとみなされます。一般的にCADのデータを他機種でも読み込むことができるような共通形式ファイルで授受をすると、単位の情報がなくなります。共通形式の中には単位の情報を含むものもありますが、受け取る側のCADが対応しているとは限りません。

FreeCADの形状の寸法を入力するGUIパネルでは、単位の表示についても注意が必要です。最初はmmという単位が表示されていても、大きな数字を入力すると、表示される単位がmに変わります。しかし、内部で記憶している数値はmm単位の数値(桁数)のままです。たとえば、10mという表示は10000mmとなっていて、計算メッシュ作成時には数値部分の10000だけが意味を持ちます。流体解析シミュレーション計算時の単位はSIであるため、10000という数値は10000mという意味になります。

立方体の作成を始めましょう。ツールバーのアイコンの位置はユーザーの使用環境によって異なります。図1.11～図1.12の操作をしてください。

図 1.11: 立方体の作成-1

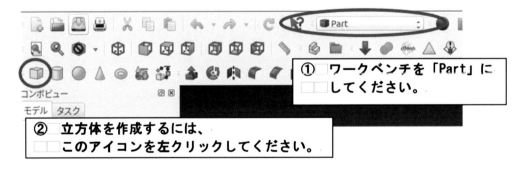

① ワークベンチを「Part」に
□□してください。

② 立方体を作成するには、
□□このアイコンを左クリックしてください。

図 1.12: 立方体の作成-2

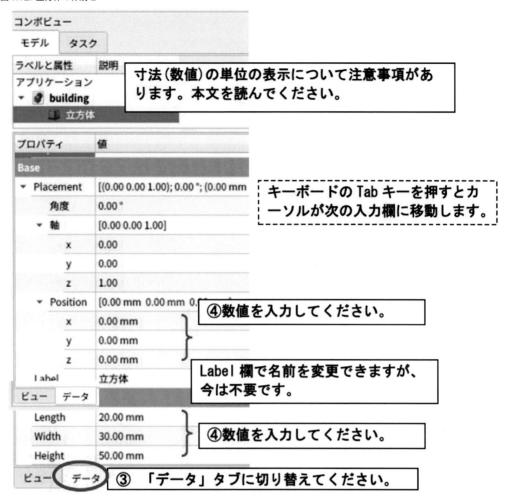

再び立方体のアイコンを左クリックして「立方体001」を作ってください。同様にして「立方体005」まで作成してください。

「立方体004」と「立方体005」を半透明にするには図1.13のように操作してください。

図1.13: 半透明色の設定

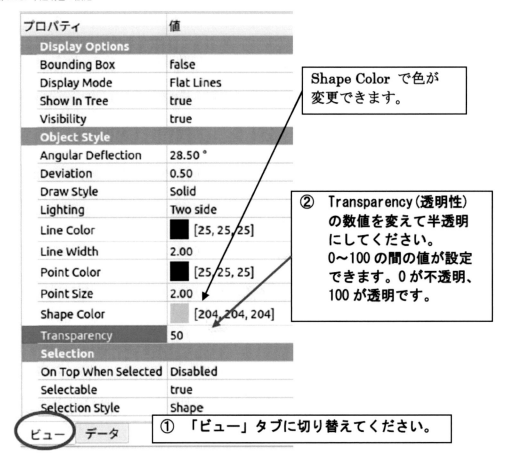

ここまでの状態は図1.14のようになっています。

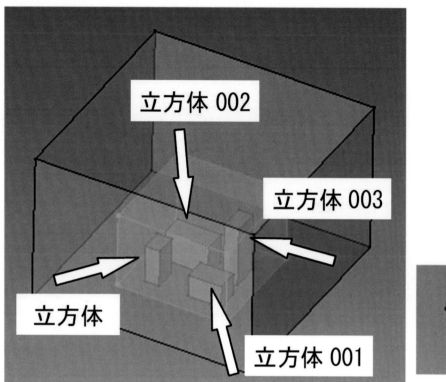

名前に全角文字が混じっているとメッシュ作成時にエラーが発生するため、表1.2のように名前を半角文字に変更してください。名前を変更するには、図1.15の操作をしてください。使用してよい文字は半角の英字と数字で、大文字と小文字は区別されます。

半角でもエラーを発生させる懸念がある文字は、スペースと特殊文字(!＂＃＄％＆＇()~^|¦¦[]+*;:<>? など)です。おそらく、_(アンダーバー)と-(ハイフォン)は使用してよいでしょう。また、C言語の予約語(if、return、functionなど)を使用すると、あとでエラーが発生します。

表1.2: 立方体の名前の変更

変更前	立方体	立方体001	立方体002	立方体003	立方体004	立方体005
変更後	Building1	Building2	Building3	Building4	RegionBox	Fluid

図1.15: 名前の変更方法

Fluidの6つの面は最終的に、流入部（-Y面）、流出部（+Y面）、地面（-Z面）、残りの3つの面になります。図1.16～図1.22の操作をしてください。

図1.16:

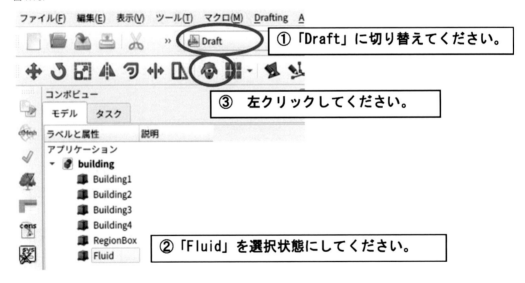

図 1.17:

④「Fluid001」を選択状態にしてください。
Fluid001 が作成されます。

⑤ このアイコンを左クリックしてください。
FreeCAD の左端の DEXCS ツールバー
または
Draft のツールバー
にあります

図 1.18:

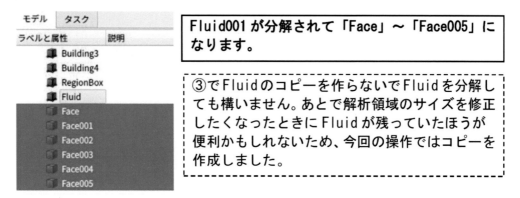

Fluid001 が分解されて「Face」～「Face005」になります。

③でFluidのコピーを作らないでFluidを分解しても構いません。あとで解析領域のサイズを修正したくなったときにFluidが残っていたほうが便利かもしれないため、今回の操作ではコピーを作成しました。

Fluidを非表示の状態にしてください（図1.19）。

図 1.19:

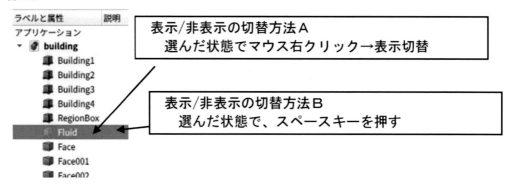

表示/非表示の切替方法Ａ
　選んだ状態でマウス右クリック→表示切替

表示/非表示の切替方法Ｂ
　選んだ状態で、スペースキーを押す

図1.20のように、面の名前を変更してください。

図1.20:

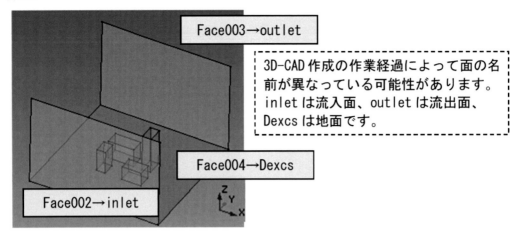

残りの3つの面は、フュージョン(結合)したあとで名前を変更します。Fluidが非表示の状態で図1.21の操作を行ってください。Fluidが表示されたままの状態だと、3Dビュー画面でマウスを使って面を選択しようとしたときに重なった場所にあるFace～Face005をうまく選択できないためです。

図1.21:

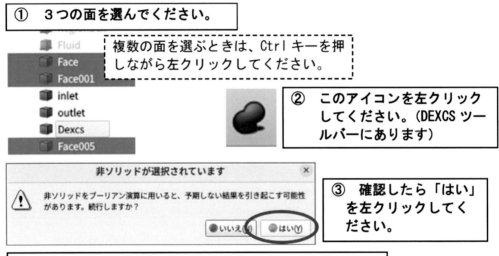

図1.22のようにFluid、Face、Face001、Face005を非表示にして残りを表示してください。次に行うメッシュ作成作業では、非表示になっているオブジェクトが無視され、表示状態になっているオブジェクトがメッシュ作成対象になるからです。

図1.22:

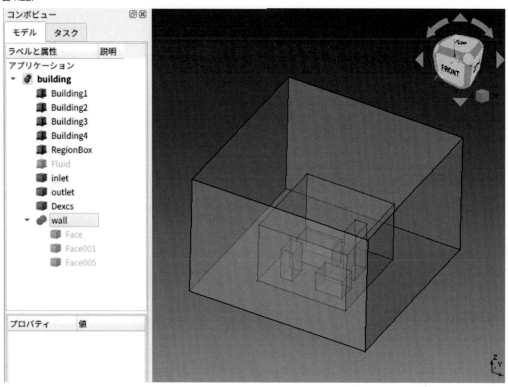

この段階でファイルの保存をしておいたほうがよいでしょう。操作方法は図1.23です。

図1.23: ファイルの保存

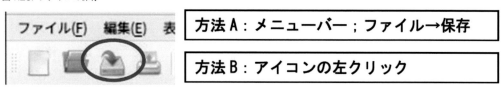

1.5　解析コンテナとメッシュの作成

図1.24の操作で解析コンテナを作成してください。解析コンテナの中にはメッシュ作成コンテナとソルバー実行コンテナがあります。解析コンテナを選択状態にすると、プロパティーが表示されます。

図 1.24: 解析コンテナの作成

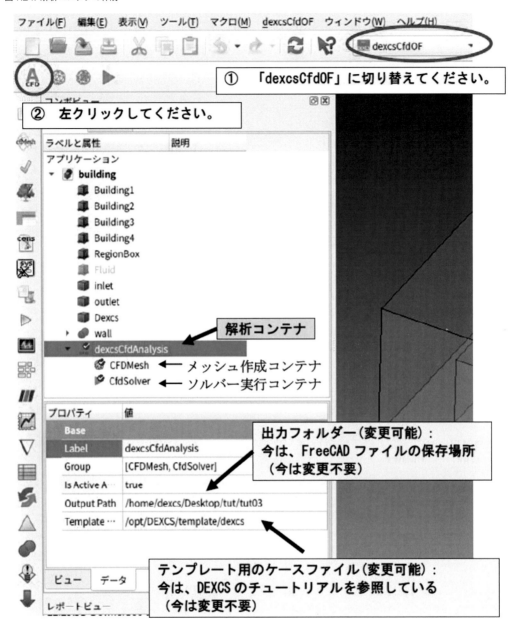

① 「dexcsCfdOF」に切り替えてください。

② 左クリックしてください。

解析コンテナ

CFDMesh ← メッシュ作成コンテナ
CfdSolver ← ソルバー実行コンテナ

出力フォルダー（変更可能）：
今は、FreeCAD ファイルの保存場所
（今は変更不要）

テンプレート用のケースファイル（変更可能）：
今は、DEXCS のチュートリアルを参照している
（今は変更不要）

図1.25の操作でメッシュ作成をしてください。

図1.25: メッシュの作成

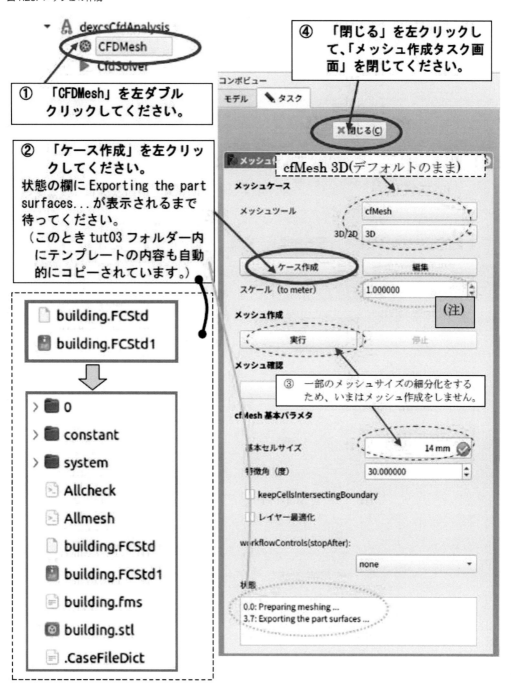

① 「CFDMesh」を左ダブル
　クリックしてください。

④ 「閉じる」を左クリックし
　て、「メッシュ作成タスク画
　面」を閉じてください。

② 「ケース作成」を左クリッ
　クしてください。
状態の欄に Exporting the part
surfaces... が表示されるまで
待ってください。
（このとき tut03 フォルダー内
にテンプレートの内容も自動
的にコピーされています。）

③ 一部のメッシュサイズの細分化をする
　ため、いまはメッシュ作成をしません。

コンポビュー

モデル　タスク

cfMesh 3D(デフォルトのまま)

メッシュケース

メッシュツール　　　cfMesh

3D/2D　3D

ケース作成　　　　　編集

スケール（to meter）　1.000000

メッシュ作成

実行　　　　　　停止

メッシュ確認

cfMesh 基本パラメタ

基本セルサイズ　　　　14 mm

特徴角（度）　　　30.000000

☐ keepCellsIntersectingBoundary

☐ レイヤー最適化

workflowControls(stopAfter):

状態

0.0: Preparing meshing ...
3.7: Exporting the part surfaces ...

注：

今は、FreeCADの設定単位はデフォルトのmmです。そのため、図形を作成していたときのプロ

パティー画面に表示される単位はmmでした。しかし、数値はm単位で入力しています。したがって、ここの数値はデフォルトの1のままです。

　仮に、mm単位の数値を入力したときには、ここの数値を0.001にしてください。FreeCADの設定単位をデフォルトから変えてmとしたとき、図形作成中のプロパティー画面に表示される単位はmになります。mm単位での数値を入力したときは、ここの数値を0.001にしてください。

　これからBuilding1〜Building4の設定をします。

　まずメッシュ細分化コンテナを作成します。図1.26〜図1.28の操作をしてください。

図1.26:

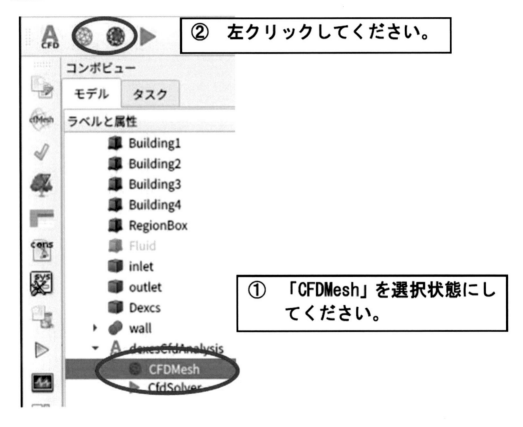

図1.27:

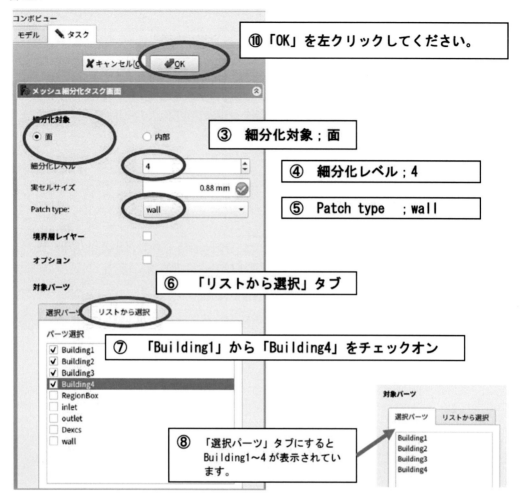

コンポビュー
モデル　タスク

⑩「OK」を左クリックしてください。

❌キャンセル　✔OK

メッシュ細分化タスク画面

細分化対象
◉ 面　　　　　○ 内部

③　細分化対象；面

細分化レベル　4

④　細分化レベル；4

実セルサイズ　0.88 mm

Patch type:　wall

⑤　Patch type　；wall

境界層レイヤー　☐

オプション　☐

対象パーツ

⑥　「リストから選択」タブ

選択パーツ　リストから選択

パーツ選択
☑ Building1
☑ Building2
☑ Building3
☑ Building4
☐ RegionBox
☐ inlet
☐ outlet
☐ Dexcs
☐ wall

⑦　「Building1」から「Building4」をチェックオン

⑧　「選択パーツ」タブにすると Building1〜4 が表示されています。

対象パーツ
選択パーツ　リストから選択
Building1
Building2
Building3
Building4

図1.28:

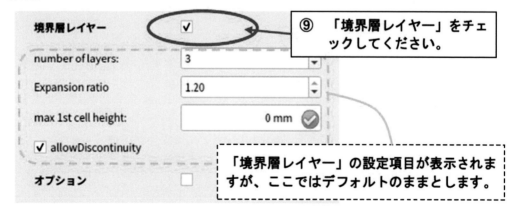

境界層レイヤー　☑

⑨　「境界層レイヤー」をチェックしてください。

number of layers:　3

Expansion ratio　1.20

max 1st cell height:　0 mm

☑ allowDiscontinuity

「境界層レイヤー」の設定項目が表示されますが、ここではデフォルトのままとします。

オプション　☐

「境界層レイヤー」の操作があとになっているのは、説明の順番によるためです。すなわち図1.27

と図1.28の順番は関係ありません。

　ここまでの状態を図1.29に示します。ツリーにMeshRefinementが追加されています。

図1.29:

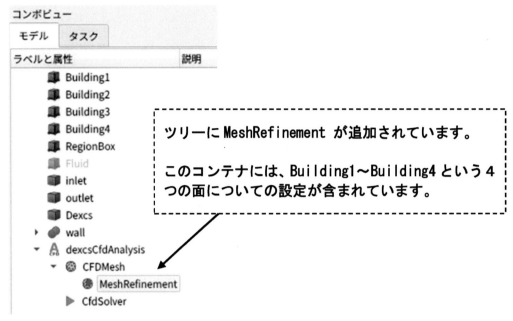

ツリーに MeshRefinement が追加されています。

このコンテナには、Building1〜Building4 という 4 つの面についての設定が含まれています。

≪細分化レベルについて≫
　細分化レベルの数値をnとします（nは0以上の整数です）。
　細分化対象の物体のセルサイズは14 ÷ (2のn乗)になります。今はcfMesh基本パラメタの基本セルサイズが14に設定されているため、n=0ならば14、n=1ならば7、n=2ならば3.5、n=3ならば1.75となります。実セルサイズには自動計算された数値が入ります。
　実セルサイズの入力値のほうで設定することも可能です。この場合は「基本セルサイズ÷実セルサイズ=2のn乗」となるように、基本セルサイズが自動的に変わります。しかし、この方法は個人的にはわかり難いと感じているため、推奨しません。なぜならば、メッシュ細分化コンテナが複数あるときは他のコンテナの設定にも影響が及んでしまうため、全てを見直す必要が生じるからです。最終的に設定用のファイル(system/meshDict)に書き込まれるのは、基本セルサイズと細分化レベルの数値です。つまり、基本セルサイズと細分化レベルの数値のほうが意味のある設定で、実セルサイズは目安だと思うと混乱はないでしょう。ただし、一番細分化したいところの実セルサイズを一番先に決めて、その実セルサイズに対して基本セルサイズのレベルを決めるという方針ならばよいかもしれません。

　さきほどと同様に次の操作をしてください。

①「CFDMesh」を選択状態にしてください。

②メッシュ細分化コンテナ作成アイコンを左クリックしてください。

図 1.30:

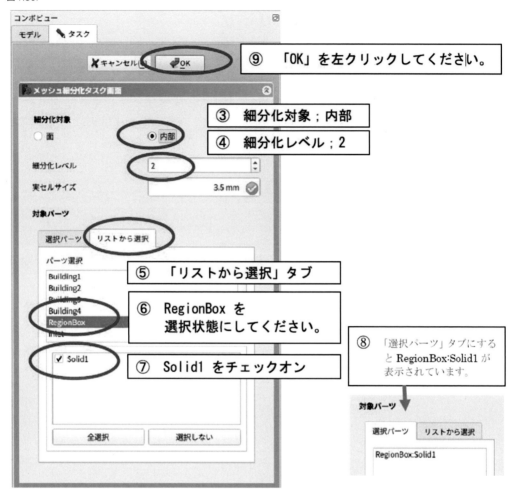

この操作によりツリーに MeshRefinement001 が追加されます（図1.31）。

図 1.31:

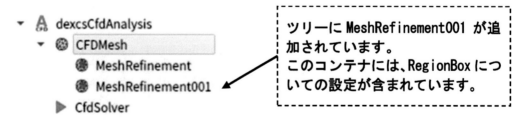

他の面(inlet、outlet、Dexcs、wall)についてはメッシュ細分化を行う必要がありません。しかし

Dexcsはpatch typeをwallにする必要があるため、さきほどと同様に次の操作をしてください。

①「CFDMesh」を選択状態にしてください。
②メッシュ細分化コンテナ作成アイコンを左クリックしてください。

図 1.32:

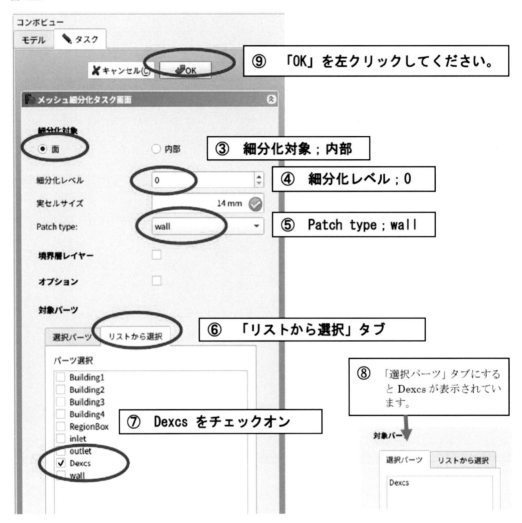

この操作によりツリーにMeshRefinement002が追加されます。

今度は図1.33〜図1.34の操作をしてください。

図1.33:

① 「CFDMesh」を左ダブル
クリックしてください。

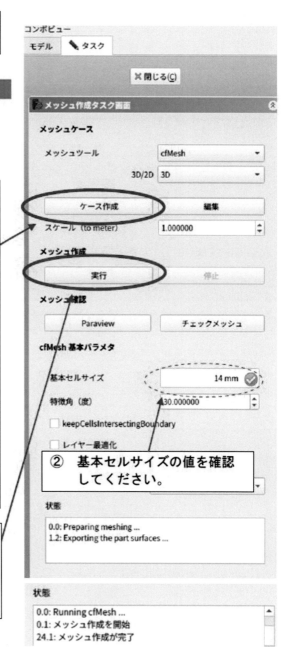

▼ ![A] dexcsCfdAnalysis
   ⚙ CFDMesh
   ⚙ MeshRefinement
   ⚙ MeshRefinement001
   ⚙ MeshRefinement002
   ▶ CfdSolver

まだ、メッシュ細分化コンテナ
の内容の反映が終了していませ
ん。
③ 「ケース作成」を左クリッ
　　クしてください。
しばらく待ってください。
（このとき、メッシュ作成用の
　設定ファイルが更新されてい
　ます。）
更新が終了すると状態欄に、
"Exporting the
partsurfaces…" と表示されま
す。
隣の「編集」を左クリックする
と、tut03/system/meshDict と
いうメッシュ設定用のファイル
をエディターで読み込んで編集
することができます。

④ 「実行」を左クリックして
　　ください。メッシュの作成
　　が始まります。
終了すると状態欄に、"メッシュ
作成が終了" と表示されます。

コンボビュー
モデル　🖋 タスク

✖ 閉じる(C)

📄 メッシュ作成タスク画面　　　　　　　　　　☆

メッシュケース

メッシュツール　　　　　　cfMesh　　　　▼

　　　　　　　　　3D/2D　3D　　　　　　▼

ケース作成　　　　　　　　編集
スケール（to meter)　　　1.000000　　　🔼🔽

メッシュ作成

実行　　　　　　　　　　停止

メッシュ確認

Paraview　　　　　　　チェックメッシュ

cfMesh 基本パラメタ

基本セルサイズ　　　　　　14 mm　　✅

特徴角（度）　　　　　　　30.000000　🔼🔽

☐ keepCellsIntersectingBoundary

☐ レイヤー最適化

② 基本セルサイズの値を確認
　　してください。

状態

0.0: Preparing meshing …
1.2: Exporting the part surfaces …

状態

0.0: Running cfMesh …
0.1: メッシュ作成を開始
24.1: メッシュ作成が完了

図 1.34:

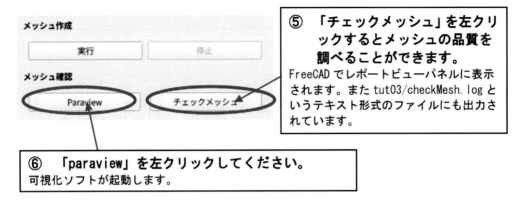

⑤ 「チェックメッシュ」を左クリックするとメッシュの品質を調べることができます。
FreeCAD でレポートビューパネルに表示されます。また tut03/checkMesh. log というテキスト形式のファイルにも出力されています。

⑥ 「paraview」を左クリックしてください。
可視化ソフトが起動します。

メッシュ作成のログファイルは tut03/cfmesh.log です。設定ミスによるエラーとアラームがあれば、それも含まれています。

以前のバージョンでは、Paraview というオープンソースの可視化ソフトに OpenFOAM 用のデータを扱う機能を追加した paraFoam を使っていました。Paraview 自体の OpenFOAM データの読込機能が向上してきたため、今回のバージョンから Paraview が起動するようになっています。そのため、起動後に読み込まれるファイルの名前が異なっています。

ツリーの中のオブジェクトのビュー画面で表示/非表示を切り替える方法を図 1.35 に示しました。

図 1.35:

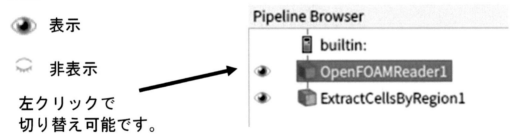

図 1.36 には、画面表示の設定を変更して、再描画が必要になったときの画面の様子と必要な操作を示しています。

図 1.36:

変更があると「Apply」が緑色に変わります。
その時は左クリックしてください。

≪画面の操作方法≫
　図1.37はビューモードを切り替える操作です。

図1.37: ビューモードの切替：3D⇔2D

　マウスによる画面操作を次に示します。

3Dモード
回転移動 ⇒ マウス左ボタンを押しながらドラッグ
並行移動 ⇒ マウス中ボタン(ホイール)を押しながらドラッグ
拡大縮小 ⇒ マウス右ボタンを押しながらドラッグ、または、ホイール回転

2Dモード
回転移動 ⇒ マウス左ボタンを押しながらドラッグ
並行移動 ⇒ マウス中ボタン(ホイール)を押しながらドラッグ
拡大縮小 ⇒ マウス右ボタンを押しながらドラッグ、または、ホイール回転

　画面操作に関係するアイコンの説明を図1.38～図1.42に記載します。

図 1.38:

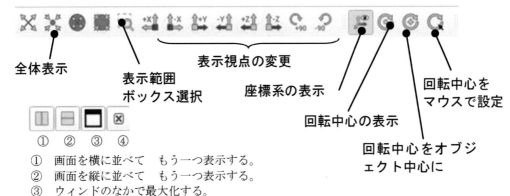

全体表示

表示範囲
ボックス選択

表示視点の変更

座標系の表示

回転中心の表示

回転中心をオブジェクト中心に

回転中心を
マウスで設定

① ② ③ ④

① 画面を横に並べて　もう一つ表示する。
② 画面を縦に並べて　もう一つ表示する。
③ ウィンドのなかで最大化する。
④ 画面を閉じる。

図 1.39:

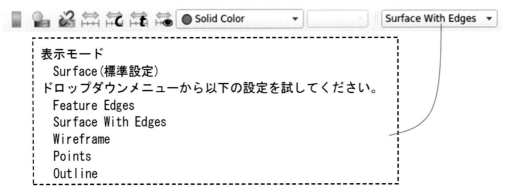

⑤ ⑥ ⑦ ⑧　⑤　カメラ操作の Undo/Redo
　　　　　　⑥　スクリーンショット
　　　　　　⑦　カメラ操作の 2D/3D 切替え
　　（2D にすると平行移動、3D で回転マウスの左ドラッグで操作する。）
　　　　　　⑧　カメラの方向や位置を指定する画面が開く。
　　　　　　　　その画面から、設定ファイルの保存と読込ができる。

図 1.40:

Solid Color

Surface With Edges

表示モード
　Surface（標準設定）
ドロップダウンメニューから以下の設定を試してください。
　Feature Edges
　Surface With Edges
　Wireframe
　Points
　Outline

図1.41:

背景を白色にするには
load a color palette
　→　Print Background を選択してください。

White Background にした場合は、デフォルトの
表示色が白色になっているため見えなくなるオ
ブジェクトがあります。

図1.42:

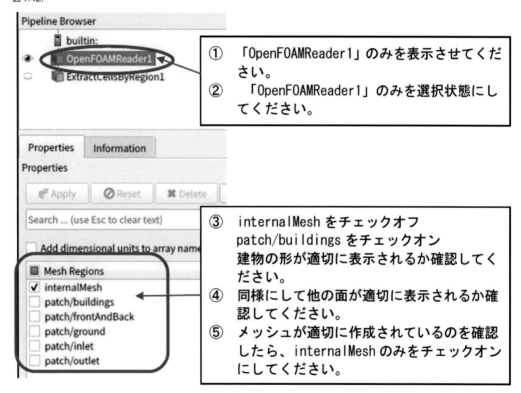

①　「OpenFOAMReader1」のみを表示させてくだ
　　さい。
②　「OpenFOAMReader1」のみを選択状態にし
　　てください。

③　internalMesh をチェックオフ
　　patch/buildings をチェックオン
　　建物の形が適切に表示されるか確認してく
　　ださい。
④　同様にして他の面が適切に表示されるか確
　　認してください。
⑤　メッシュが適切に作成されているのを確認
　　したら、internalMesh のみをチェックオン
　　にしてください。

　断面の表示方法には複数の方法があります。次の操作を試してください。

≪断面の表示方法 A≫

①「OpenFOAMReader1」をFeatureEdgeで表示させてください。
②「ExtractCellsByRegion1」をSurfaceWithEdgeで表示させてください。

図1.43:

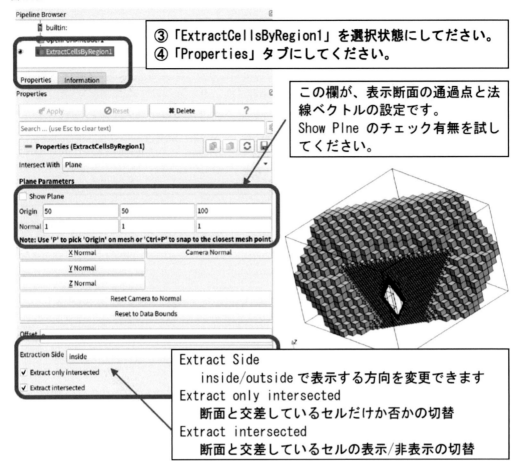

③「ExtractCellsByRegion1」を選択状態にしてください。
④「Properties」タブにしてください。

この欄が、表示断面の通過点と法線ベクトルの設定です。
Show Plne のチェック有無を試してください。

Extract Side
    inside/outside で表示する方向を変更できます
Extract only intersected
    断面と交差しているセルだけか否かの切替
Extract intersected
    断面と交差しているセルの表示/非表示の切替

　ShowPlaneをチェックオンにすると、断面と法線が表示されて位置を確認できます。また、この状態のときはマウスによるドラッグ操作で赤枠を平行移動したり、法線の向きを変えることができます。しかし、表示されているオブジェクトを平行移動や回転をしようとして誤って断面を変えてしまうこともあるため、適時使い分けてください。

≪断面の表示方法 B≫

①「ExtractCellsByRegion1」を非表示にしてください。

②「OpenFOAMReader1」を選択状態にして、図1.44のSliceアイコンを左クリックしてください（もしもアイコンがなければ、メニューバーから「Filters」→「Alphabetical」→「Slice」を選んでください。このあとの作業でもアイコンが見つからなければ同様に「Filters」メニューを使って探してください）。

(Slice)

③新しくできた「Slice1」が選ばれたままの状態で「Apply」を左クリックしたのち、Propertiesタブの中を修正してください。

④上から順番に修正する箇所を説明するので、スクロールしながら設定する項目を探してください（図1.45）。

図 1.45:

Slice Type	Plane のままです。
Show Plane	チェックオフ
Origin	50 / 10 / 100
Normal	0 / 1 / 0

赤字はデフォルトから変更する箇所です。
ただし、他の欄も注意してください。

Crincle sliceのオンとオフによる違いを図1.46に示します。

図 1.46:

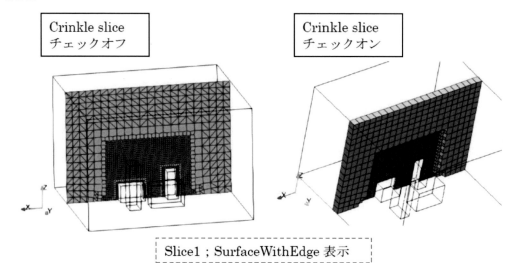

Slice1 ; SurfaceWithEdge 表示

≪断面の表示方法 C≫

①「OpenFOAMReader1」を選択状態にして、図1.47のClipアイコンを左クリックしてください（もしもアイコンがなければ、メニューバーから「Filters」→「Alphabetical」→「Clip」を選んでください。このあとの作業でもアイコンが見つからなければ同様に「Filters」メニューを使って探してください）。

図1.47:

 (Clip)

②新しくできた「Clip1」が選ばれたままの状態で「Apply」を左クリックしたのち、Propertiesタブの中を修正してください。

図1.48:

Slice Type	Plane のままです
Show Plane	チェックオフ
Origin	15 / 55 / 100
Normal	0 / 1 / 0
Crinkle clip	チェックオフ

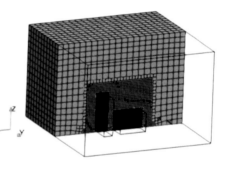

　右の図では Clip1 が SurfaceWithEdge 表示になっています。

　Clinkle clip チェックオンも試してください。

≪境界層レイヤーメッシュの確認≫

図1.49:

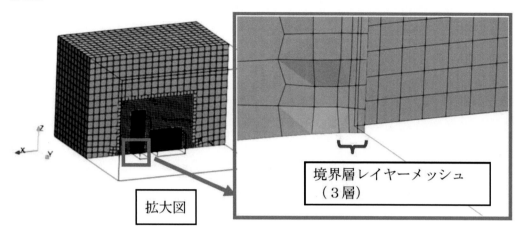

拡大図

境界層レイヤーメッシュ
（３層）

≪可視化用設定の保存≫
　可視化用の設定を保存します。以下の操作をしてください。
① メニューバー：File → Save State
② ファイル名を指定してください。ファイル名は任意ですが、ここではtut03/meshCheck.pvsmと
しました。
③ 「OK」を左クリックして保存してください。
※ 保存した*.pvsmファイルの読込は、メニューバー：File → Load State です。

≪ParaViewの終了≫
　メッシュの確認をしたらParaViewを閉じてください。操作方法はメニューバーからFile→Exit
です。

図1.50:

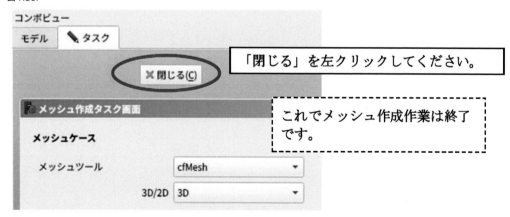

「閉じる」を左クリックしてください。

これでメッシュ作成作業は終了
です。

FreeCADのファイルを保存してください。

1.6 計算内容の確認と計算の実行

ここからは、DEXCSツールバーを使って計算条件を設定します。

図1.51: DEXCS ツールバー

GridEditor の起動 ： 境界条件の設定

Properties の編集 ： constant フォルダー内の File の編集

Dict(system) の編集 ： system フォルダー内の File の編集

DEXCSツールバーのGridEditorを使うと、0フォルダーの中にあるField量ファイルの内容を表形式で表示して編集ができます。

DEXCSツールバーのGridEditorのアイコンを左クリックしてください。そのあと図1.52〜図1.53の操作をしてください。

図1.52:

図1.53:

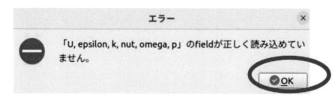

設定内容に整合性がないためエラーが出ます。
③「OK」を左クリックしてください。

GridEditorの表示（概要）

図1.54はGridEditorの画面の説明です。

図1.54: GridEditorの画面

	boundary	**Field量の名前**			
Field Type dimensions		Field量毎のタイプと次元			
internal Field		Field量毎の解析領域内の初期値			
境界の名前	境界毎の patch タイプ				

Field量の種類
    U；速度   epsilon；散逸率   k；乱流エネルギー
    nut：乱流粘性係数   omega：乱れ周期   p：圧力
patch の種類
    wall；壁面   patch；流入出部

今回は図1.55のようになっていると思います。

	define patch at constant (boundary)	U (1)
field type dimensions		volVectorField; [0 1 -1 0 0 0 0];
internal Field		uniform (0 0 0);
Building1	type wall;	
Building2	type wall;	
Building3	type wall;	
Building4	type wall;	
Dexcs	type wall;	type fixedValue; value uniform (0 0 0);
inlet	type patch;	type fixedValue; value uniform (10 0 0);
outlet	type patch;	type zeroGradient;
wall	type patch;	type fixedValue; value uniform (0 0 0);

Dexcs, inlet, outlet, wall
デフォルト設定に同じ名前の patch
があるため既に値が入っています。

Building1, Building2,
Building3, Building4
デフォルト設定に同じ名前のもの
が無いため空欄になっています。

【注意】
Building1〜4 と Dexcs の patch タ
イプが patch になっていると、あ
との計算時にエラーになります。
メッシュ細分化コンテナのところで設
定を忘れたためだと思います。戻ってや
り直しても良いのですが、あとでリカバ
ーする方法について説明します。

以前の版では wall の設定は type slip; になっていました。今回の版では、Dexcs
と同じ内容(U の列は type fixedValue .... (0 0 0);) になっています。

　名前が Dexcs という境界は "滑り無し壁面" です。名前が inlet という境界は "速度境界" で流入
部となります。名前が outlet という境界は "圧力境界" で流出部となります。名前が wall という境
界も Dexcs と同じく "滑り無し壁面" です。以前の版では "スリップ壁面" になっていました。

　これからは、最初に Building1、Building2、Building3、Building4 を "滑り無し壁面" とするため、
Dexcs と同じ設定内容にします。次に、wall という境界を "スリップ壁面" に変更して inlet の速度
ベクトルを (10 0 0) から (0 10 0) に変更します。図1.56〜図1.64に操作方法を順番に示します。

図 1.56: Patch Type 変更について

Building1〜4 と Dexcs の patch タイプの修正方法

1) Desktop¥tut¥tut03¥constant¥polyMesh¥
boundary をエディターで開いてください。

2) 下の図は代表例として Building1 を表示しています。//（ダブルスラッシュ）のあとはコメントとなります。このように patch タイプを wall に変えてください。

3) 修正したらファイルを保存してエディターを閉じてください

```
 8 FoamFile
 9 {
10     version     2.0;
11     format      ascii;
12     arch        "LSB;label=32;scalar:
13     class       polyBoundaryMesh;
14     location    "constant/polyMesh";
15     object      boundary;
16 }
17 // * * * * * * * * * * * * * * *
18
19
20 8
21 (
22     Building1
23     {
24         type        wall;//patch;
25         nFaces      7824;
26         startFace   907349;
27     }
28     Building2
29     {
30         type        wall;//patch;
```

ディレクトリツリー：
- tut
  - tut03
    - 0
    - constant
      - polyMesh
        - boundary
        - faces
        - meshMetaDict
        - neighbour
        - owner
        - points
      - transportProperties
      - turbulenceProperties

この修正方法のときは、FreeCAD のメッシュ作成コンテナ(CFDMesh)の内容には反映されないため、メッシュ作成コンテナを使ってメッシュ作成を再び行うと同様の不具合が再発します。

図 1.57: Patch Type 変更について

4) 修正した内容を GridEditor の表示に反映させるため、左クリックしてください。

最初にBuilding1、Building2、Building3、Building4を"滑り無し壁面"とします。代表例として修正後のUの列を示します。

図 1.58: GridEditor の操作方法

	define patch at constant (boundary)	U (1)
field type dimensions		volVectorField; [0 1 -1 0 0 0 0];
internal Field		uniform (0 0 0);
Building1	type wall;	type fixedValue; value uniform (0 0 0);
Building2	type wall;	type fixedValue; value uniform (0 0 0);
Building3	type wall;	type fixedValue; value uniform (0 0 0);
Building4	type wall;	type fixedValue; value uniform (0 0 0);
Dexcs	type wall;	type fixedValue; value uniform (0 0 0);
inlet	type patch;	type fixedValue; value uniform (10 0 0);
outlet	type patch;	type zeroGradient;
wall	type patch;	type fixedValue; value uniform (0 0 0);

GridEditor の操作方法

セルのコピー：
　　セルを選択状態にして
　　キーボードで ctlr+c
　　を入力する
貼付：
　　セルを選択状態にして
　　キーボードで ctrl+v
　　を入力する

左の図では代表例として、修正後のU(1)列を表示しています

編集メニューの中にもコピーと貼付があります。

ファイル(F) 編集(E) 表示(V)

コピーと貼付のアイコン

Dexcs行-U(1)列セルにカーソルを移動して選択状態にしてコピー操作をしてください。コピー先のセル(たとえばBuilding1行-U(1)列)にカーソルを移動して選択状態にして、貼付操作をしてください。コピー先としてBuilding1〜4行-U(1)列のように複数のセルを選択状態にすれば、一度の貼付操作で複数のセルにコピーされます。

epsilon(2)列についても、Dexcsの値をBuilding1、Building2、Building3、Building4にコピーしてください。同様にk、omega、nut、pの列それぞれについて、Dexcsの行の値をBuilding1、Building2、Building3、Building4にコピーしてください。

表計算ソフトのように複数セルのコピー&ペーストに対応しているため、Dexcs行のU(1)〜p(6)を選択状態にしてコピー操作を行ったのちに貼付操作ができます。

図1.59の操作をしてください。

図1.59:

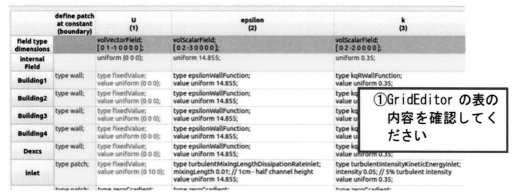

define patch at constant (boundary)		U (1)	epsilon (2)	k (3)
field type dimensions		volVectorField; [0 1 -1 0 0 0 0];	volScalarField; [0 2 -3 0 0 0 0];	volScalarField; [0 2 -2 0 0 0 0];
internal Field		uniform (0 0 0);	uniform 14.855;	uniform 0.35;
Building1	type wall;	type fixedValue; value uniform (0 0 0);	type epsilonWallFunction; value uniform 14.855;	type kqRWallFunction; value uniform 0.35;
Building2	type wall;	type fixedValue; value uniform (0 0 0);	type epsilonWallFunction; value uniform 14.855;	type kq... value u...
Building3	type wall;	type fixedValue; value uniform (0 0 0);	type epsilonWallFunction; value uniform 14.855;	type kq... value u...
Building4	type wall;	type fixedValue; value uniform (0 0 0);	type epsilonWallFunction; value uniform 14.855;	type kq... value u...
Dexcs	type wall;	type fixedValue; value uniform (0 0 0);	type epsilonWallFunction; value uniform 14.855;	type kq... value uniform 0.35;
inlet	type patch;	type fixedValue; value uniform (0 10 0);	type turbulentMixingLengthDissipationRateInlet; mixingLength 0.01; // 1cm - half channel height value uniform 14.855;	type turbulentIntensityKineticEnergyInlet; intensity 0.05; // 5% turbulent intensity value uniform 0.35;
	type patch;	type zeroGradient;	type zeroGradient;	type zeroGradient;

①GridEditor の表の内容を確認してください

② いったん保存するために左クリック

　今回の計算領域の外側(FreeCADで作成したFluidという名前の立方体の地面を除く他の５つの面の外側)にも、実際には空気で満たされている解放された空間が存在します。名前がwallという境界が"滑り無し壁面"の条件のままだと、壁に囲まれていて閉鎖されている空間となるため、現実と対応がとれません。そのため、以前の版のように"スリップ壁面"の条件に修正する必要があります。また、流入部での風向きを適切に修正する必要があります。図1.60〜図1.64の操作をしてください。

図1.60:

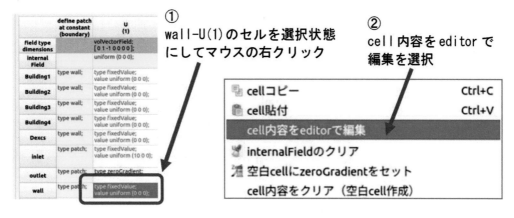

①wall-U(1)のセルを選択状態にしてマウスの右クリック

②cell内容をeditorで編集を選択

	cellコピー	Ctrl+C
	cell貼付	Ctrl+V
	cell内容をeditorで編集	
	internalFieldのクリア	
	空白cellにzeroGradientをセット	
	cell内容をクリア（空白cell作成）	

図1.61:

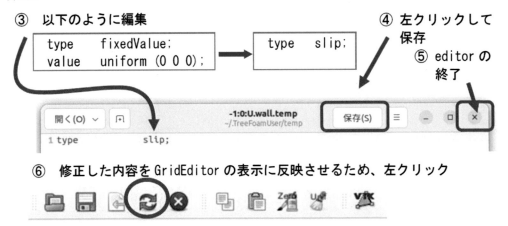

③ 以下のように編集

```
type     fixedValue;        →    type     slip;
value    uniform (0 0 0);
```

④ 左クリックして保存

⑤ editor の終了

```
開く(O) ∨   ⟮·⟯         -1:0:U.wall.temp        保存(S)   ≡   —   ▢   ✕
                       ~/.TreeFoamUser/temp
1 type            slip;
```

⑥ 修正した内容を GridEditor の表示に反映させるため、左クリック

図1.62のようになっているのを確認してください。

図1.62:

	define patch at constant (boundary)	U (1)	epsilon (2)
field type dimensions		volVectorField; [0 1 -1 0 0 0 0];	volScalarField; [0 2 -3 0 0 0 0];
internal Field		uniform (0 0 0);	uniform 14.855;
Building1	type wall;	type fixedValue; value uniform (0 0 0);	type epsilonWallFunction; value uniform 14.855;
Building2	type wall;	type fixedValue; value uniform (0 0 0);	type epsilonWallFunction; value uniform 14.855;
Building3	type wall;	type fixedValue; value uniform (0 0 0);	type epsilonWallFunction; value uniform 14.855;
Building4	type wall;	type fixedValue; value uniform (0 0 0);	type epsilonWallFunction; value uniform 14.855;
Dexcs	type wall;	type fixedValue; value uniform (0 0 0);	type epsilonWallFunction; value uniform 14.855;
inlet	type patch;	type fixedValue; value uniform (0 10 0);	type turbulentMixingLengthDissipationRateInlet; mixingLength 0.01; // 1cm - half channel height value uniform 14.855;
outlet	type patch;	type zeroGradient;	type zeroGradient;
wall	type patch;	type slip;	type epsilonWallFunction; value uniform 14.855;

　もしもここでBuilding1〜4が空欄になってしまっているとしたら、おそらく先ほどの保存作業を忘れたためです。あらためてDcxcsの内容をBuilding1〜4にコピーしてください。

図1.63:

⑦ wall-U(1)セルの内容を wall-epsilon(2)〜p(6)にコピーしてください。

⑧ inlet-U(1)セルの内容を修正してください。

先ほどと同じように editor を使って編集する方法でも構いませんが、
inlet-U(1)のセルを左ダブルクリックすると編集できるようになります。
軽微な修正のときはこちらの方法のほうが良いかもしれません。

```
type        fixedValue;              type        fixedValue;
value       uniform (10 0 0);   →    value       uniform (0 10 0);
```

図1.64:

⑧ 修正が終わりました。保存するために左クリックしてください。

≪補足：editorを使った編集とcellの直接編集の違い≫

editorを使った編集とcellの直接編集の違いについて図1.65に示します。

図1.65:

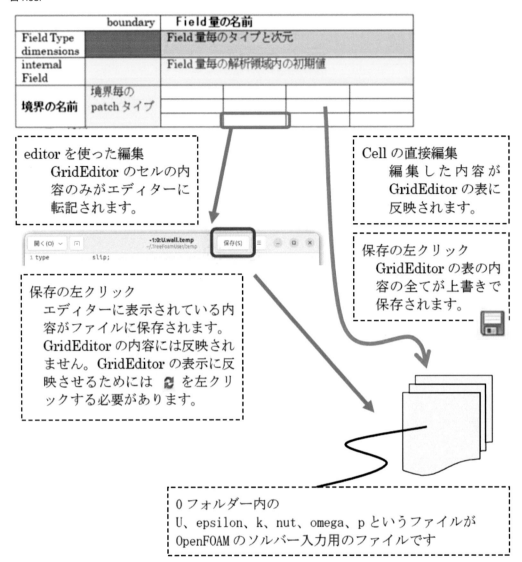

	boundary	Field量の名前			
Field Type dimensions		Field量毎のタイプと次元			
internal Field		Field量毎の解析領域内の初期値			
境界の名前	境界毎の patchタイプ				

editor を使った編集
　GridEditor のセルの内容のみがエディターに転記されます。

Cell の直接編集
　編集した内容がGridEditor の表に反映されます。

保存の左クリック
　エディターに表示されている内容がファイルに保存されます。GridEditor の内容には反映されません。GridEditor の表示に反映させるためには 🔄 を左クリックする必要があります。

保存の左クリック
　GridEditor の表の内容の全てが上書きで保存されます。

0 フォルダー内の
U、epsilon、k、nut、omega、p というファイルが
OpenFOAM のソルバー入力用のファイルです

patch Viewerを使うとパッチの場所を確認できます（図1.66）。

図1.66:

① 左クリック
してください。

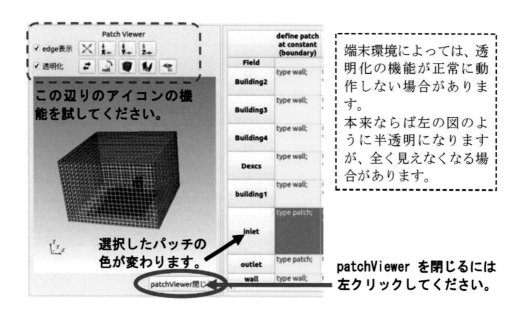

この辺りのアイコンの機能を試してください。

選択したパッチの色が変わります。

端末環境によっては、透明化の機能が正常に動作しない場合があります。
本来ならば左の図のように半透明になりますが、全く見えなくなる場合があります。

patchViewer を閉じるには左クリックしてください。

GridEditorを終了してください（図1.67）。

図1.67:

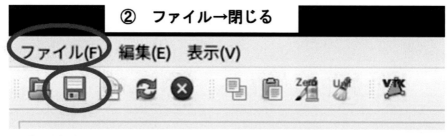

② ファイル→閉じる

ファイル(F)　編集(E)　表示(V)

① 左クリックして
保存してください。

さきほど保存しているため必須ではない

　DEXCSツールバーの「Propertiesの編集」のアイコンを左クリックしてください。図1.68の画面が表示されるので操作をしてください。

図 1.68:

① 「全て選択」のチェックオン

② 「OK」の左クリック

エディターが起動します。エディターのタブを『transportProperties』に切り替えて、ファイルの内容を修正してください（図1.69～図1.72）。空気の物性値を図1.71に示します。この操作で動粘性係数の値が変更されます。

図 1.69:

図1.70:

```
13      object          transportProperties;
14 }
15 // * * * * * * * * * * * * * * * * * * * * * * * * * * * * * * *
16
17 transportModel  Newtonian;                                      ②
18
19 nu              nu [0 2 -1 0 0 0 0] 1.54e-05;
20
21 CrossPowerLawCoeffs
22 {
23      nu0             nu0 [0 2 -1 0 0 0 0] 1e
24      nuInf           nuInf [0 2 -1 0 0 0 0]
25      m               m [0 0 1 0 0 0 0] 1;
26      n               n [0 0 0 0 0 0 0] 1;
27 }
28
29 BirdCarreauCoeffs
30 {
31      nu0             nu0 [0 2 -1 0 0 0 0] 1e-06;
32      nuInf           nuInf [0 2 -1 0 0 0 0] 1e-06;
33      k               k [0 0 1 0 0 0 0] 0;
34      n               n [0 0 0 0 0 0 0] 1;
35 }
36
37 // *****************************************************!
```

```
transportModel Newtonian
1.54e-05  →  1.55e-05
```

図1.71:

20℃の空気の粘性係数　　　$\mu = 1.81 \times 10^{-5}$　[Pa・s]

20℃の空気の密度　　　　　$\rho = 1.166$ [kg/m^3]

20℃の空気の動粘性係数　$\nu = \mu \div \rho = 1.55 \times 10^{-5}$　[m^2/s]

図1.72:

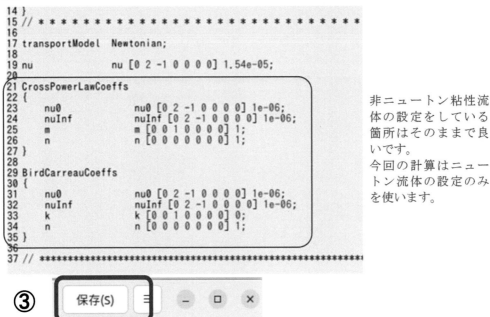

```
14 }
15 // * * * * * * * * * * * * * * * * * * * * * * * * * * * * *
16
17 transportModel    Newtonian;
18
19 nu                nu [0 2 -1 0 0 0 0] 1.54e-05;
20
21 CrossPowerLawCoeffs
22 {
23     nu0               nu0 [0 2 -1 0 0 0 0] 1e-06;
24     nuInf             nuInf [0 2 -1 0 0 0 0] 1e-06;
25     m                 m [0 0 1 0 0 0 0] 1;
26     n                 n [0 0 0 0 0 0 0] 1;
27 }
28
29 BirdCarreauCoeffs
30 {
31     nu0               nu0 [0 2 -1 0 0 0 0] 1e-06;
32     nuInf             nuInf [0 2 -1 0 0 0 0] 1e-06;
33     k                 k [0 0 1 0 0 0 0] 0;
34     n                 n [0 0 0 0 0 0 0] 1;
35 }
36
37 // ********************************************************
```

非ニュートン粘性流体の設定をしている箇所はそのままで良いです。
今回の計算はニュートン流体の設定のみを使います。

③ 保存(S) ≡ － □ ✕

タブを『turbulenceProperties』に切り替えて、ファイルの内容を確認してください（図1.73）。

図1.73:

```
  3 | **      /   F ield       OpenFOAM: The Open Source CFD
  4 |  ¥¥    /    O peration    Version:  4.0
  5 |   ¥¥  /     A nd          Web:      www.OpenFOAM.org
  6 |    ¥¥/      M anipulation |
  7 ¥*---------------------------------------------------------
  8 FoamFile
  9 {
 10     version      2.0;
 11     format       ascii;
 12     class        dictionary;
 13     object       turbulenceProperties;
 14 }
 15 // * * * * * * * * * * * * * * * * * * * * * * * * * * *
 16
 17 simulationType RAS;
 18
 19 RAS
 20 {
 21     RASModel          kEpsilon;
 22
 23     turbulence        on;
 24
 25     printCoeffs       on;
 26 }
 27
 28 // ***********************************************************
```

変更不要
乱流モデルは、
　RANS 標準 k-ε
モデルになって
います。

図1.74の操作でエディターを終了してください。

図1.74:

エディターを
閉じてください。

DEXCS ツールバーの「Dict(system)の編集」のアイコンを左クリックしてください。図1.75の画面が表示されるので、操作をしてください。

図1.75:

① 「全Field選択」の
　チェックオン

② 「OK」の左クリック

　エディターが起動します。エディターのタブを『controlDict』に切り替えて、ファイルの内容を
確認してください。

　今回は定常計算の設定のため、時間に関する設定は単純に反復計算（イタレーション）の回数を
表しています。これが、収束の進行を示す残差のグラフの横軸のラベルがTime(s)となっている理由
です（図1.76と図1.77）。

図1.76:

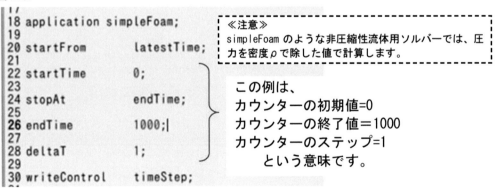

《注意》
simpleFoam のような非圧縮性流体用ソルバーでは、圧
力を密度 ρ で除した値で計算します。

この例は、
カウンターの初期値=0
カウンターの終了値＝1000
カウンターのステップ=1
　　という意味です。

図1.77:

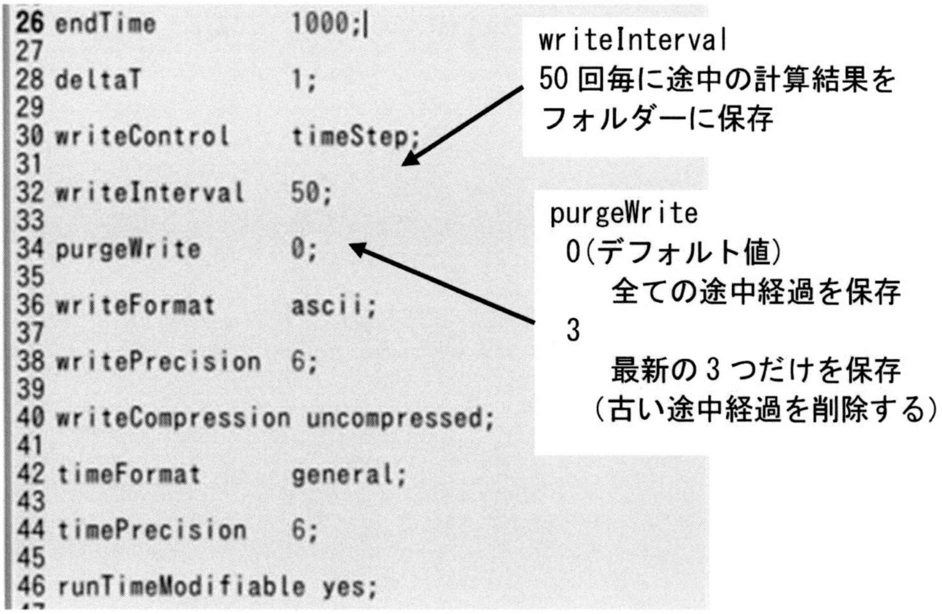

```
26 endTime          1000;|
27
28 deltaT           1;
29
30 writeControl     timeStep;
31
32 writeInterval    50;
33
34 purgeWrite       0;
35
36 writeFormat      ascii;
37
38 writePrecision   6;
39
40 writeCompression uncompressed;
41
42 timeFormat       general;
43
44 timePrecision    6;
45
46 runTimeModifiable yes;
```

writeInterval
50 回毎に途中の計算結果を
フォルダーに保存

purgeWrite
　0(デフォルト値)
　　　全ての途中経過を保存
　3
　　　最新の3つだけを保存
　（古い途中経過を削除する）

他のファイルの確認は割愛します。エディターを終了してください。

図1.78:

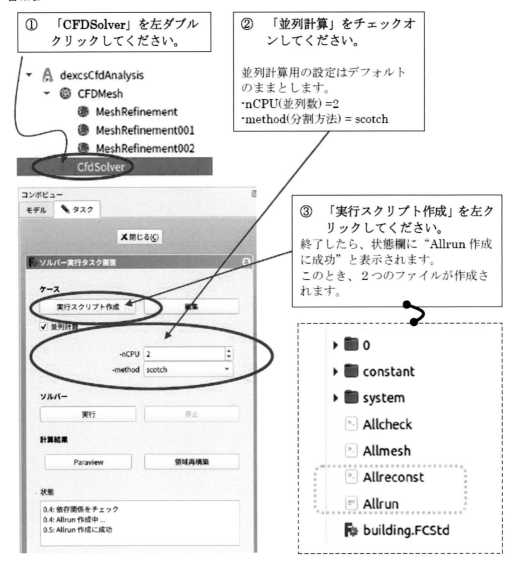

① 「CFDSolver」を左ダブル
クリックしてください。

② 「並列計算」をチェックオ
ンしてください。

並列計算用の設定はデフォルト
のままとします。
・nCPU(並列数)＝2
・method(分割方法)＝scotch

③ 「実行スクリプト作成」を左ク
リックしてください。
終了したら、状態欄に"Allrun作成
に成功"と表示されます。
このとき、2つのファイルが作成さ
れます。

【補足】

　並列計算の設定を変えたときは、都度「実行スクリプト作成」を行ってください。Allreconst は
並列計算した結果をひとつに統合するためのスクリプトファイルです。

　ここで、DEXCS ツールバーの機能を説明します（図1.79）。

① 再計算を行う前に以前の計算結果を削除して、初期状態にするために使用します。
② シリアル計算を実行します。「ソルバー実行タスク画面」の状態欄には何も表示されません。グ
ラフを表示するには③のアイコンを使ってください。FreeCAD の dexcsCfdOF ワークベンチがある

ので、あまり使う機会はないと思います。

③ solver.log ファイルの内容を読み込んでグラフを描きます。以前に行ったケースの再計算をしないで以前の結果を見たい場合などに使ってください。

④ 以前の DEXCS2020 までは、このアイコンで並列計算の設定と計算実行をしていました。その機能は「DEXCS2021 からは「ソルバー実行タスク画面」に引き継がれました。したがって、並列計算に関するレポート画面が開くだけになりました。

⑤ paraFoam は paraview に OpenFOAM ファイル読込用の機能を追加した独自拡張版です。paraview の OpenFOAM 用の機能が向上してきたため、独自拡張版を使うメリットが少なくなっています。このアイコンは paraFoam という表示ですが、実際には paraview が起動します。

⑥ tut03/system/controlDict ファイルの functions¦¦ で記載されているポスト処理の結果が、tut03/postProsessing フォルダー内に保存されています。その結果がグラフ表示できます。あらかじめ複数のテンプレートファイルが保存されています。テンプレートファイルは tut03/system/*.dplt です。

図 1.79:

① Case の初期化　　（計算の前に初期化をするときに左クリックします）

② solve 起動　　　（シリアル計算の実行）

③ グラフプロット　　（計算の進行状態を表すグラフの表示）

④ 並列処理　　　　（並列計算に関するレポートビュー）

⑤ paraFoam の起動　（計算結果可視化ソフトの起動）

⑥ postProcessing ファイルのプロット

計算を実行してください（図1.80）。

図1.80:

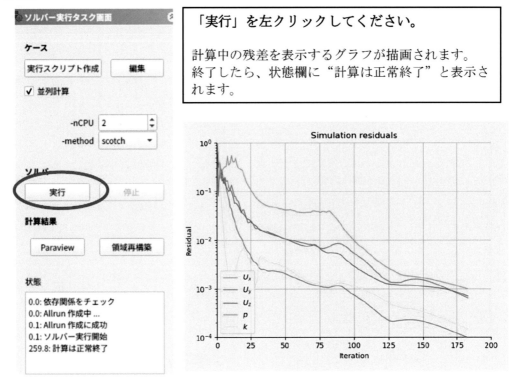

計算のログは、tut03/solver.logというテキストファイルに保存されています。

1.7 計算結果の確認

図1.81の操作をしてください。

図 1.81:

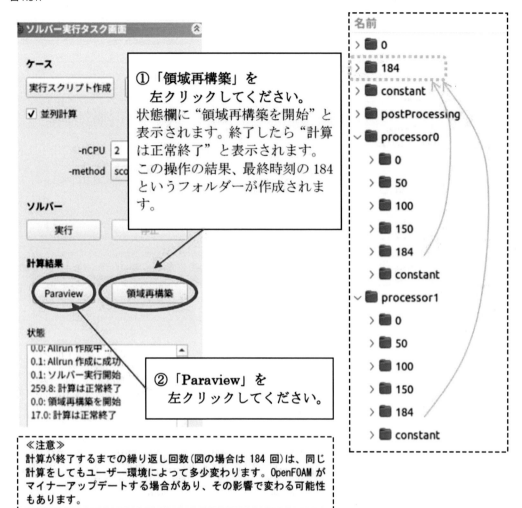

① 「領域再構築」を
左クリックしてください。
状態欄に "領域再構築を開始" と
表示されます。終了したら "計算
は正常終了" と表示されます。
この操作の結果、最終時刻の 184
というフォルダーが作成されま
す。

② 「Paraview」を
左クリックしてください。

≪注意≫
計算が終了するまでの繰り返し回数(図の場合は 184 回)は、同じ
計算をしてもユーザー環境によって多少変わります。OpenFOAM が
マイナーアップデートする場合があり、その影響で変わる可能性
もあります。

paraviewが起動したら図1.82の操作をしてください。

図1.82:

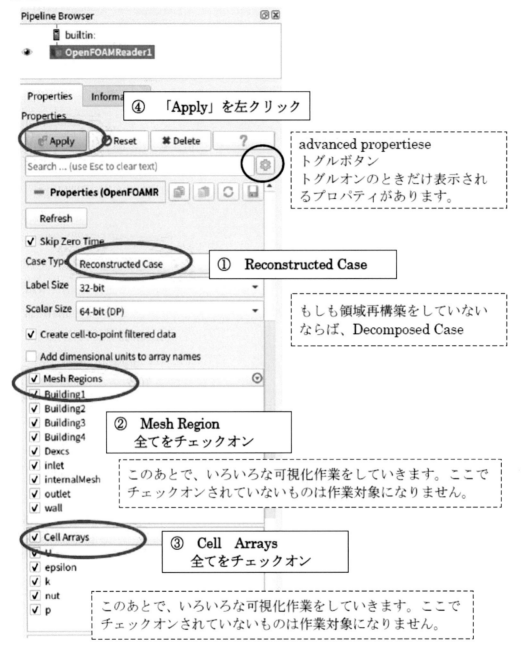

Mesh Regionにリスト表示されている項目のうち、internalMeshが流体領域で、その他は名前からわかるように流体領域の表面です。

paraviewが起動したら、図1.83の操作をしてください。

図1.83:

左クリックして最終ステップに移動してください。

　「OpenFOAMReader1」を選択状態として、メニューバーから「Filters」→「Alphabetical」→「Extract Block」を選んでください。あるいは、「OpenFOAMReader1」を選択状態として、右クリックメニューで「Add Filter」→「Alphabetical」→「Extract Block」を選んでも構いません。以後の説明では、右クリックメニューの説明を行いません。

　図1.84の操作をしてください。

図1.84:

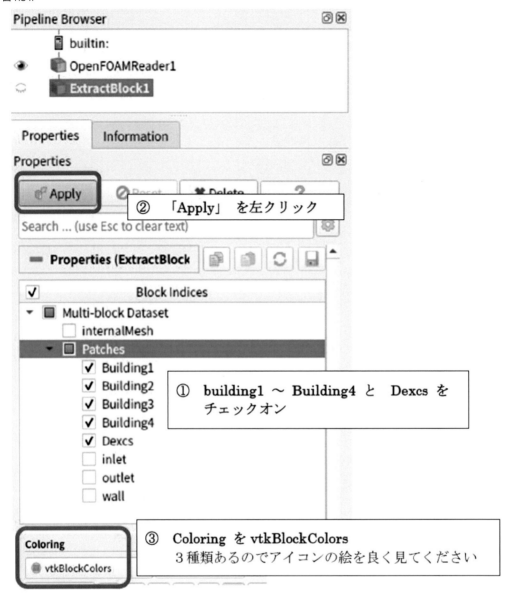

図1.85はここまでの操作結果です。

図1.85:

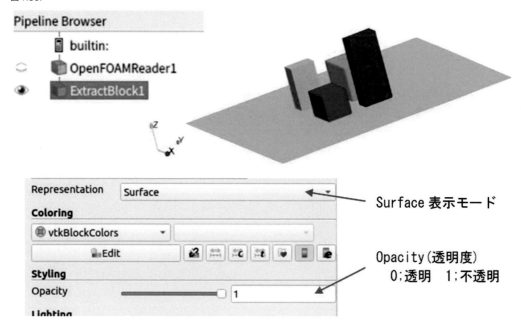

Surface 表示モード

Opacity（透明度）
0;透明　1;不透明

図1.86:

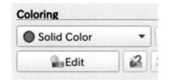

Coloring を Solid Color にして
Edit を左クリックすると他の色が選べます。

表示モードをFeature Edgesに変更してください。

図1.87:

【補足】

Feature Edges 表示モード

いまは領域再構築をしたあとのため、並列計算
時の計算領域の境が表示されません。
領域再構築前の結果データーを読み込んでいる
ときは、計算領域の境も表示されます。

領域を再構築する前の結果データを読み込んだときの表示の様子を確認しましょう（図1.88）。

図 1.88:

① 「OpenFOAMReader1」を選択状態にする
② Case Type ; Decomposed Case
③ 「Apply」を左クリック

いろいろな表示モードを試してください（図1.89〜図1.91）。

図 1.89:

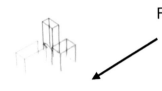

Feature Edges 表示モード
　並列計算のために計算領域の分割が行われ
たため、その境が表示されています。

図 1.90:

① ExtractBlock1；選択状態

② 「Filters」 → 「Alphabetical」
　 → 「Clean to Grid」。

Feature Edges 表示モード
　並列計算のために分割された計算
領域の境が表示されません。

図1.91:

```
復元してください。
 ・OpenFOAMReader1  Case Type ; Reconsruced Case
            最終ステップに移動する
 ・ExtractBlock1     Representation ; Surfece
```

≪断面の表示≫

「OpenFOAMReader1」を選択状態として、Sliceアイコンを左クリックしてください。新しくできた「Slice1」が選択状態で「Apply」を左クリックしたのち、Propertiesタブの中を修正してください。もしもアイコンがなければ、メニューバーから「Filters」→「Alphabetical」→「Slice」を選んでください。このあとの作業でもアイコンが見つからなければ、同様に「Filters」メニューを使って探してください。

　上から順番に修正する箇所を説明するので、スクロールしながら設定する項目を探してください。

表1.3:

Slice Type	Plane のまま
Show Plane	チェックオフ
Origin	5 / 50 / 100
Normal	1 / 0 / 0
Representation	Surface のまま
Coloring	○U / Magnitude

　表1.3の設定は、原点(5,50,50)で法線ベクトル(1,0,0)という面について速さ(速度ベクトルの大きさ)のノード値をコンター表示するという意味です。

　Coloringの選択肢の意味を図1.92に示します。以後の説明では、流速のノード値（節点値）を○U、流速のセル値を□Uと表現します。epsion、k、nut、pについても同様です。

図1.92:

	節点（ノード）値	セル値
流速	U	U
散逸率	epsilon	epsilon
乱流エネルギー	k	k
渦動粘性係数	nut	nut
圧力	p	p

　ExtraBlock1とSlice1のふたつだけを表示させてください。ExtraBlock1のPropertiesタブの中の
Coloring欄でcolor legendを非表示にしてください。

図1.93:

color legend の表示と非表示の切替

　ここまでの表示結果を下に示します。

図1.94:

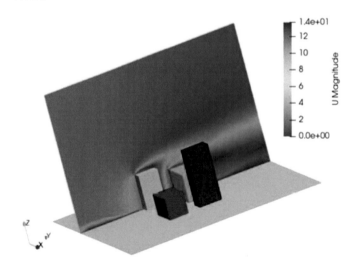

レジェンドバーは、
マウスの左ドラッグ
操作で位置を変える
ことができます。

≪クリップの表示≫

　「OpenFOAMReader1」を選択状態として、Clipアイコンを左クリックしてください。新しくできた「Clip1」が選択状態で「Apply」を左クリックしたのち、Propertiesタブの中を修正してください。

Slice Type	Plane　のままです。
Show Plane	チェックを外してください。
Origin	50 / 50 / 100
Normal	1 / 0 / 0
Invert	チェックのままです。
Crinkle Clip	チェックしてください。
Representation	Surface With Edges
Coloring	◯p / 空欄

　設定を変えると「Apply」が緑色になる場合があります。そのときは修正した内容を確認して、「Apply」を左クリックしてください。表の下の2行の項目は、いったん「Apply」を左クリックしないと表示されません。以後、「Apply」ボタンの説明は冗長になるため記載しません。

　ExtraBlock1とClip1のふたつだけを表示させてください。ここまでの表示結果を下に示します。Crinkle Clipのチェックを外した場合との違いを確認してください。

図1.95:

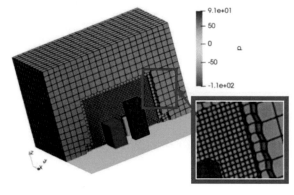

Crincle Clip
Surface with Edge
という表示方法が、この場合に適切だというわけではありません。表示方法の事例を紹介するのが記載の意図です。

【補足】

可視化操作について

図1.96:

 計算結果の可視化操作は、ある入力に対して操作を行った結果として図が出力されると理解してください。入力を変更するには、左図で示すように、対象の右クリックメニューで ChangeInput を選んでください。

物理量の値のカラーマップの変更について

Properties タブの Coloring 欄の Edit を左クリックすると、Color Map Editor の画面が表示されます。

図1.97:

図1.98:

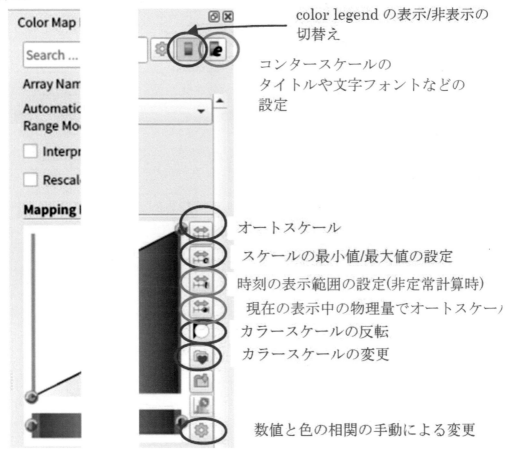

ここで紹介した以外にも、いろいろな機能があります。マウスカーソルをアイコンの上に置いたときに表示される説明を参考にして、各自で調べてください。

≪等値面の表示≫

「OpenFOAMReader1」を選択状態として、図1.99のContourというアイコンを左クリックしてください。

図1.99:

 (Contour)

新しくできた「Contour1」のPropertiesタブの中を修正してください。上から順番に修正する箇所を説明するので、スクロールしながら設定する項目を探してください。

Contour By	○p
Isosurfaces Value Range の下の空欄	1行目に50を入力してください
Representation	Surface のままです。あとで、他の選択肢の場合も確かめてください。
Coloring	○U

図1.100:

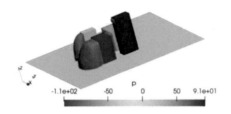

静圧pが50ρ [Pa]の面を
表示しています。

≪注意≫
simpleFoam のような非圧縮性流体用
ソルバーでは、圧力を密度ρで除し
た値で計算します。
計算結果の数値にρの値を掛けて
[Pa]の単位に戻してください。
50ρ=50×1.166=58.3[Pa]

≪流線の表示≫

「OpenFOAMReader1」を選択状態として、図1.101のStream Tracerアイコンを左クリックして
ください。

図1.101:

 (Stream Tracer)

新しくできた「SteamTracer1」が選択されている状態で、Propertiesタブの中を修正してくだ
さい。

上から順番に修正する箇所を説明するので、スクロールしながら設定する項目を探してください。
advanced propertiesが有効なときにのみ表示される項目があります。

Vectors	○Uまたは□U（どちらでもよい）
Interpolator Type	PointまたはCell（どちらでもよい）

Integration Parameters

Integration Direction	Both のままでよい
Integration Type	Runge-Kuta-4-5 のままでよい

Streamline Parameters

Maximum Steps	2000 のままでよい
Maximum Streamline Length	300 のままでよい

Seeds

Seeds Type	Line のままでよい

Line Parameters

Show Line	チェックの有無については、どちらでも可。
Point1	-50/-100/10
Point2	150/-100/10
Resolution	40

　Resolutionの設定まで行ったのちに、緑色になっている「Apply」を左クリックすると、流線の描画が始まります。そののちに、Coloringの設定ができるようになります。

Coloring

Coloring	○U / Magnitude

Styling

Styling:Opacity	1のままでよい
Styling:Point Size	2のままでよい
Styling:Line Width	1のままでよい

表示結果は図1.102のようになります。

図1.102:

ExtractBlock1 を Solid Color 表示にし、表示色を濃くして流線を見やすくしています。

別の表示方法を試してみましょう。以下のように変更してください。

Strealmline Parameters

Maximum Steps	2000のままでよい
Maximum Streamline Length	300のままでよい

Seeds

Seeds Type	Point Cloud

PointCloud Parameters

Show Sphere	チェックの有無については、どちらでも可。
Center	50 / -100 / 50
Radius	80
Number of Points	200

Coloring

Coloring	○U / Magnitude　のままでよい

Styling

Styling:Opacity	1のままでよい
Styling:Point Size	2のままでよい
Styling:Line Width	1のままでよい

　中心(50,-100,50)で半径80の球の中に200個の点を作り、その点を起点(seed)にして流線を描くという設定です。表示結果は図1.103のようになります。

図1.103:

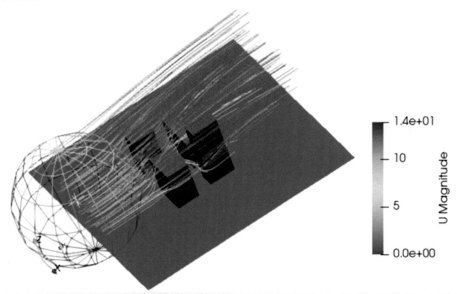

1.4e+01
10
U Magnitude
5
0.0e+00

ExtractBlock1 を Solid Color 表示にし、表示色を濃くして流線を見やすくしています。

流線の描画について、さらに別の表示方法をしましょう。

まず、流線を描画するための起点となる面を2種類作成します。

「OpenFOAMReader1」を選択状態として、メニューバー「Filters」→「Alphabetical」→「Extract Block」を選んで、「Extract Block2を作ってください。 Indices は inlet だけを選んでください。

「OpenFOAMReader1」を選択状態として、メニューバー「Sources」→「Alphabetical」→「Plane」という操作をして、新しく「Plane1を作ってください。

Origin	-50 -80 10
Point 1	150 -80 10
Point2	-50 -80 100
X	Resolution 1
Y	Resolution 1

2種類の面を作成したので、流線を描画します。

メニューバーから「Filters」→「Alphabetical」→「Stream Tracer With Custom Source」を選んでください。Inputを「OpenFOAMReader1に、SeedSourceを「ExtraBlock2」に設定してください（図1.104）。色は風速として「ExtraBlock2」を非表示にすると、下の図1.105のような流線表示になります。

図 1.104:

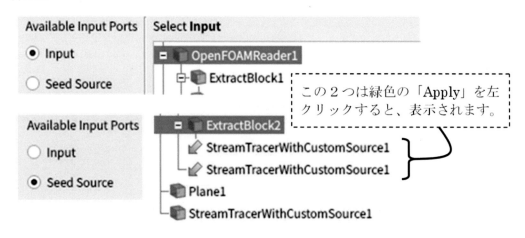

この２つは緑色の「**Apply**」を左クリックすると、表示されます。

図 1.105:

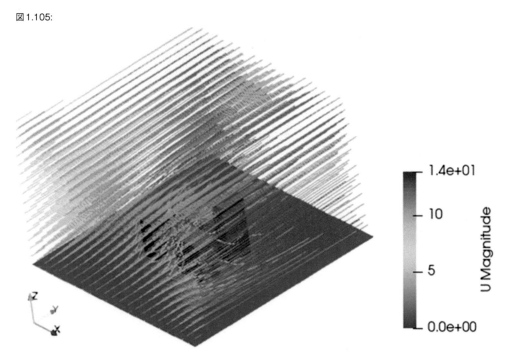

　流線の起点(Seed)が何か調べましょう。「ExtraBlock2」をSurface with EdgeモードやWireframeモードで表示して視野を調整してください。面inletに作成されたメッシュの格子点がSeedになっていることがわかります。

　今度は「Stream Tracer With Custom Source」を選んだ状態で右クリック→「Change Input」を選んでください。Inputは「OpenFOAMReader1」のままで、SeedSourceを「Plane」に変えてください。「Plane」の四隅をSeedとして流線が描画されます。「Plane」の表示モードをWireFrameに変えて、PropertiesのX ResolutionとY Resolutionの値を変えてください。流線のSeedが変わって図1.106のような表示になります。

図 1.106:

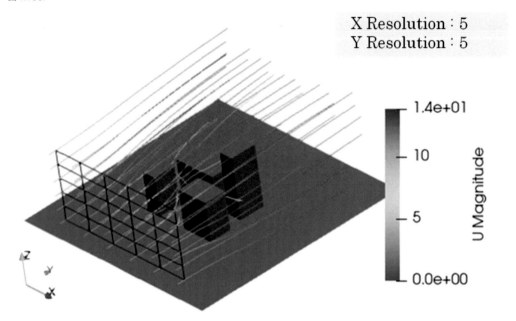

≪速度ベクトルの表示≫
　「OpenFOAMReader1」を選択状態として、図1.107のGlyphアイコンを左クリックしてください。

図 1.107:

 (Glyph)

　新しくできた「Glyph1」が選択されている状態で、Propertiesタブの中を修正してください。上から順番に修正する箇所を説明するので、スクロールしながら設定する項目を探してください。

Glyph Source

Glyph Type	Arrowのままでよい（あとで、他の選択肢の場合も確かめてください）。

Orientations

Orientation Array	○
	U

Scales

Scale Array	○ U
Vector Scale Mode	Scale by Magnitude
Scale Factor	2

Masking

Masking の Glyph Mode	Uniform Special Distribution (Bounds Based) のまま。画面表示に時間がかかるため、ここでは他の選択肢に変えないでください。
Maximum Number Of Sample Poins	100（表示される矢印の量です。矢印の数そのものではありません）
Masking:Seed	5000（たぶん、セル番号だと思います。適当に変更してください）

　緑色になっている「Apply」を左クリックすると、速度ベクトルの描画が始まります。そののちに、Coloringの設定ができるようになります。

Coloring

Coloring	○ U / Magnitude

　この設定の表示結果は図1.108のようになります。

図 1.108:

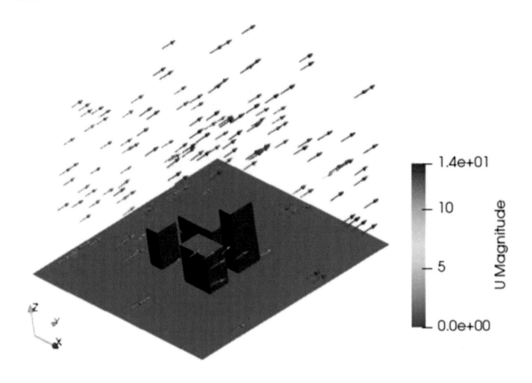

　別の表示方法をします。「OpenFOAMReader1 を選択状態として Slice」アイコンを使って新しい
断面を作成してください。

Slice Type	Plane のままです（あとで、球や円筒も試してください）。
Show Plane	チェックの有無については、どちらでも可。
Origin	0 / -80 / 50
Normal	0 / 1 / 0

　新しくできた「Slice2」を選択状態として「Glyph」アイコンを左クリックしてください。新しく
できた「Glyph2」を選択状態として、Properties タブの中を修正してください。

Glyph Source

Glyph Type	Arrow のままでよい（あとで、他の選択肢の場合も確かめてください）。

Orientations

Orientation Array	○ U

Scales

Scale Array	○ U
Vector Scale Mode	Scale by Magnitude
Scale Factor	2

Masking

Masking の Glyph Mode	Uniform Special Distribution (Bounds Based) のまま。画面表示に時間がかかるため、ここでは他の選択肢に変えないでください。
Maximum Number Of Sample Poin	100（表示される矢印の量です。矢印の数そのものではありません）
Masking : Seed	5000（たぶん、セル番号だと思います。適当に変更してください）

Coloring

Coloring	○ U / Magnitude

この設定の表示結果は図1.109のようになります。

図 1.109:

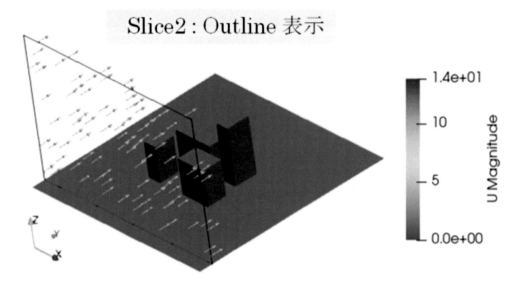

Maskingの設定を変更してみます。以下の2種類の場合を確かめてください。

Masking : Glyph Mode	All Points

Masking : Glyph Mode	Every Nth Points
Masking : Stride	5 表示の間引きの設定値です。間引きなしのデフォルト値は1です。1以上の整数値のみが入力可能です。

表示結果は図1.110のようになります。

図1.110:

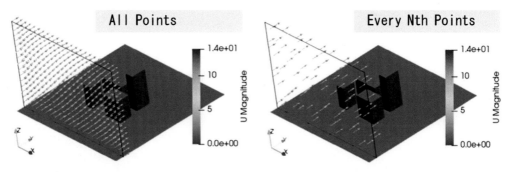

　以下の2種類も試してください。描画のSeedが面のため、Volume Samplingではベクトルが表示されません。

　* Uniform Special Distribution (Surface Sampling)
　* Uniform Special Distribution (Volume Sampling)

≪最大値などの表示≫
　図1.111は圧力pの最大値と、その場所を表示した結果です。

図1.111:

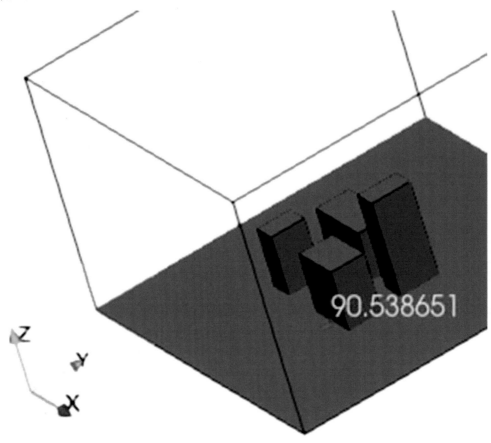

90.538651

　このように、計算結果から最大値や最小値などを抽出して、その場所を表示する方法について説明します。

　「OpenFOAMReader1」をOutline表示にして選択状態として、「FindData」アイコンを左クリックしてください（図1.112）。

図1.112:

　図1.113と図1.114に示す操作をしてください。リストの表示が3行になっているのは、最大値がBuilding2とDexcsの境目だからです。

図 1.113: FindData の設定画面

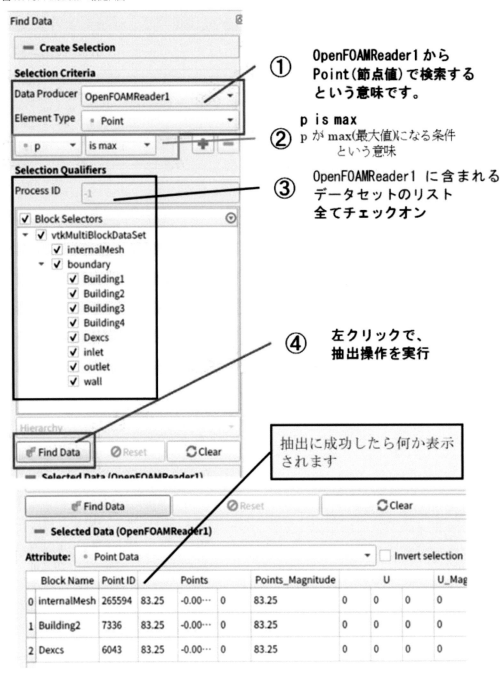

① OpenFOAMReader1 から
Point（節点値）で検索する
という意味です。

p is max
② p が max(最大値)になる条件
という意味

③ OpenFOAMReader1 に含まれる
データセットのリスト
全てチェックオン

④ 左クリックで、
抽出操作を実行

抽出に成功したら何か表示
されます

図 1.114: FindData の設定画面

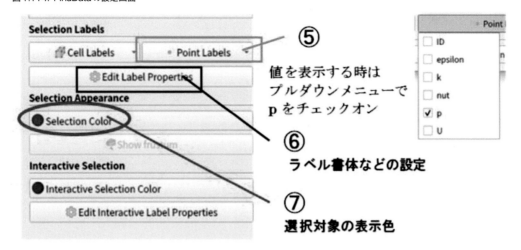

⑤
値を表示する時は
プルダウンメニューで
p をチェックオン

⑥
ラベル書体などの設定

⑦
選択対象の表示色

　p 以外の Field 量も同様に、最大値の表示ができます。ベクトル量である U についても、U(magnitude)、U(X)、U(Y)、U(Z) で表示ができます。前回の版のときは U(magnitude) でラベル表示をするとラベルがベクトル形式で表示されましたが、今回は大きさの値が表示されます。前回のときに説明した方法は不要となりました。しかし、結果のデータが成分値のスカラー量しかなくベクトル形式になっていないときに対応する方法として紹介しておきます。

　「OpenFOAMReader1」を選択状態にして、「Calculator」アイコンを左クリックしてください。

図 1.115:

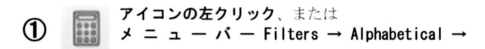

①　アイコンの左クリック、または
メニューバー Filters → Alphabetical →

　設定用の画面がポップアップ表示されるので、図 1.116 と図 1.117 に示す操作をしてください。

図 1.116: スカラ成分からベクトル形式の作成

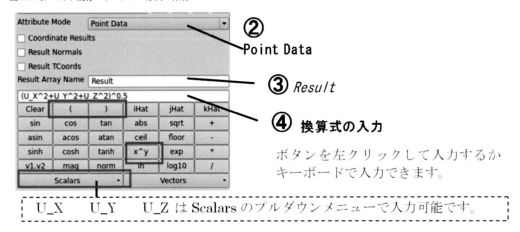

図 1.117: スカラ成分からベクトル形式の作成

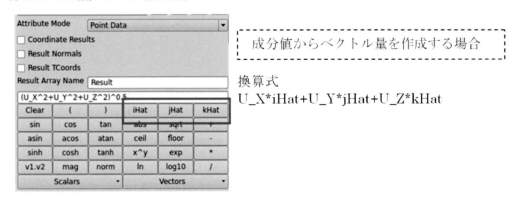

≪テキスト注釈の表示≫

テキスト注釈を表示するには、メニューバー Sources → Text としてください。Properties パネルで、テキスト内容、フォント、表示位置などの変更ができます。

≪操作の終了≫

これで ポスト処理は終了です。ここまでの表示設定を保存します。メニューバーから「File」→「Save State...」を選んで保存先とファイル名を指定してください。ファイル名はここでは「tut03.pvsm」とします。

メニューバーから「File」→「load State...」を選んで保存した pvsm ファイルを読み込めば、表示設定が復元されます。ファイルを読み込む際に pv.foam というファイルの場所を聞かれるので、もしも誤っている場合は修正したのちに pvsm ファイルを読み込んでください（図 1.118）。視点の設定を保存する方法と保存した設定を読み込む方法を図 1.119 に記載します。ここではファイル名を view03.pvcc としました。

図1.118: 可視化設定ファイルの保存

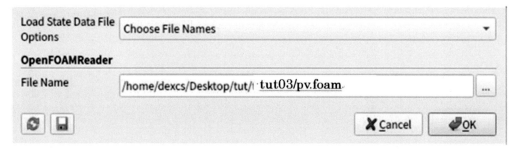

図1.119: 視点設定ファイルの保存

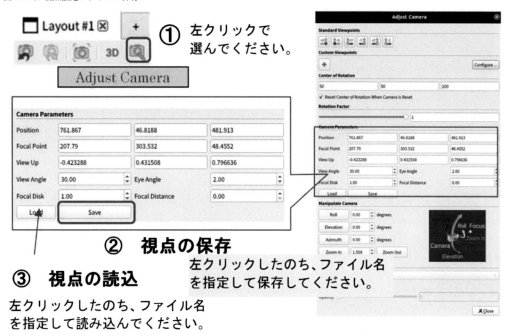

第2章 練習問題（dexcsPlusの活用）

2.1 解析Caseフォルダーの設定

DEXCS 2022 for OpenFOAMから同梱されたFreeCADベースのチュートリアルのテンプレートです。

OpenFOAMの標準チュートリアルは./Allrunスクリプトで実行することにより解析ケースが作成されます。OpenFOAMの標準チュートリアルでは、blockMeshやsnappyHexMeshというOpenFoamの標準メッシュソフトでメッシュが生成されます。

CFD計算対象の形状を変更しようと思ったときは、別に用意された3D-CADデータをもとにしてメッシュ生成を行うのが普通のアプローチだと思います。そして、標準チュートリアルをもとにして任意の形状でのCFD計算を行おうと思ったとき、標準チュートリアルを修正するにはblockMeshやsnappyHexMeshの知識が必要になります。しかし、これらのふたつのメッシュソフトはコマンドでの操作であり、コマンドの種類によってはテキスト形式の設定用のファイルが必要になり、初心者には非常に難しいと思います。したがって、標準チュートリアルを改造するというアプローチは初心者にとって現実的な方法でありません。cfMeshもOpenFoamの標準メッシュソフトでコマンドでの操作ですが、幸いなことにFreeCADのcfMeshマクロがあるため、FreeCAD環境でのメッシュ作成作業は初心者にとって比較的に容易だと思います。

つまり、dexcsPlusとは、OpenFOAMの標準チュートリアルのいくつかをFreeCADで作成した形状からメッシュ生成とソルバー計算を行えるように翻案した、初心者が容易に任意形状のCFDへ改造ができるのを意図したチュートリアルです。

2.2 dexcsPlusについて

ここでは、dexcsPlusのwindAroundBuildingsを活用します。附録にdexcsPlusのマニュアルの参照方法を記載しています。まず、そのマニュアルを読んでdexcsPlusのwindAroundBuildingsの計算を行ってください。このあとの説明は、dexcsPlusのwindAroundBuildingsの計算を行って操作に慣れているという前提で記載します。

図2.1が、このあとで利用するチュートリアルの概要です。

図2.1: windAroundBuildings のチュートリアル

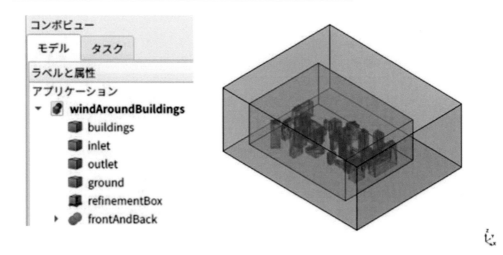

≪dexcsPlus の例題の利用方針≫

　FreeCAD のファイル名を同じにし形状の名前を同じにして、解析コンテナの中の設定を転用する方針とします。対応表を表2.1に示します。

　境界条件の設定は、ほぼそのまま転用できます。しかし、パッチ面 inlet の風向きの変更が必要です。解析コンテナのツリー構造は利用できますが、メッシュサイズの設定を修正する必要があります。

表2.1: 形状の対応表

	dexcsPlus	先ほどの例題
建物	Buildings	building1〜4
流入部	inlet(-X の面)	inlet(-Y の面)
流出部	outlet(+X の面)	outlet(+Y の面)
地面	Ground	Dexcs
メッシュ細分化領域	refinementBox	regionBox
周辺との境界	frontAndBack	wall

2.3　例題の修正

　dexcsPlus のチュートリアルを適応な場所にコピーしてください。ここでは Desktop にコピーしました。既に計算が実行済のときはケースフォルダー全体をそのままコピーしてください（図2.2）。

図2.2:

① デスクトップの「DEXCS」を
　左ダブルクリックしてください。
　ファイルが起動します。

② 「windAroundBuildings」
　を適当な場所にコピー
　してください。

③ Desktop¥windAroundBuildings¥windAroundBuildings.FCStd
　をFreeCADで開いてください。

　図2.3のようなメッセージが表示されたときは、「デフォルトに戻す」を左クリックしてください。
解析コンテナの出力先は、DEXCSをインストールしたときのシステムのマイナーバージョンによる
動作の違いや、使用者による解析ケースフォルダーのコピーや移動の履歴などに依存します。した
がって、上のメッセージは表示されたり表示されない場合があります。

図2.3:

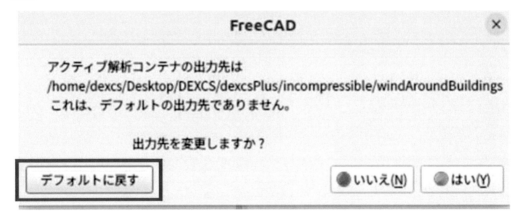

解析コンテナの出力先の確認方法を図2.4に示します。

図2.4: 解析コンテナの出力先の確認方法

解析コンテナ(dexcsCfdAnalysis)のプロパティで
Output Path が Desktop/windAroundbuildings
Template case が、tutorials/imcompressiblesimpleFoam/windAroundBuildings
になっていれば良い。

　既に計算を実行していたフォルダーをコピーした場合は、ケースフォルダーケース全体を初期化するため、図2.5の操作をしてください。

図2.5:

 ①　DEXCS ツールバーで「OpenFOAM 端末を起動」を左クリック

②　OpenFOAM 端末でキーボードを使って、 ./Allclean を入力する。

③　OpenFOAM 端末を閉じる。

tut/tut03/building.FCStdをFreeCADで開いてください。FreeCADの画面の下のタブが追加されます（図2.6）。

図2.6:

　これから、buildingの部品をwindAroundBuildingsにコピーしたのち、windAroundBuildingsを修正していきます（図2.7〜図2.9）。

図2.7: コピー操作

ツリーの building の中にある
部品をコピーしてください。
　Building1
　Building2
　Building3
　Building4
　inlet
　outlet
　Dexcs
　wall
≪操作方法≫
　複数を選択状態にして

　マウスの右クリックメニューでコピー
　あるいは
　キーボードでCtrl+C

　wallがフュージョンによって作成されているため、図2.8のような画面が表示されます。右下の「OK」を左クリックしてください。

図2.8:

図2.9: windAroundBuildings への貼り付け

≪操作方法≫
　右のように windAroundBuildings が選択状態の時は、キーボードで Ctrl+V
　（マウスの右クリックメニューが表示されません）

　windAroundBuildings の下の buildings が選択状態のときは、マウスの右クリックメニューとキーボード (Ctrl+V) という2種類の貼り付け操作ができます。

　貼り付け操作を行った結果のツリーは図2.10のようになります。あとから貼り付けたinletとoutletのほうには、001という追番がついています。

図2.10:

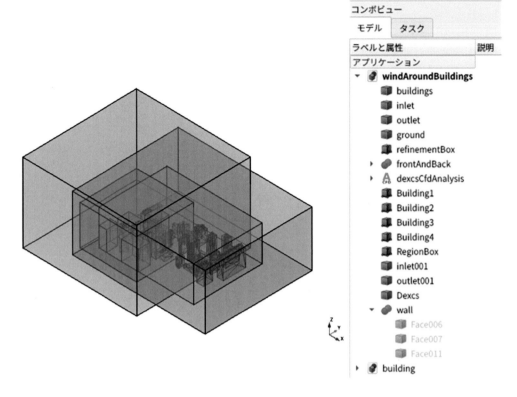

図2.11:
メッシュ細分化コンテナのプロパティを調べ
ると、細分化対象の形状は以下のようになっ
ていました。

	shape refs
MeshRefinement	buildings
MeshRefinement001	refinementBox
MeshRefinement002	ground
MeshRefinement003	frontAndBack

　スペルミスを予防するために、元のシェイプの名前を少しだけ異なる仮の名前に変えておき、新し
いシェイプの修正などをしたのちに名前を変えます。そののち元のシェイプを削除します。図2.12
～図2.15の操作をしてください。

図2.12:
① buildings の名前を ˋbuildings に変更する。
② Building1～Building4 をフュージョンする。
③ フュージョンで出来たシェイプの名前を buildings に変更
　する。

**フュージョンの
アイコン**

図2.13:

④ MeshRefinement を左ダブルクリックして編集する。

変更前　　　　　　　　　　　　　　　　　**変更後**

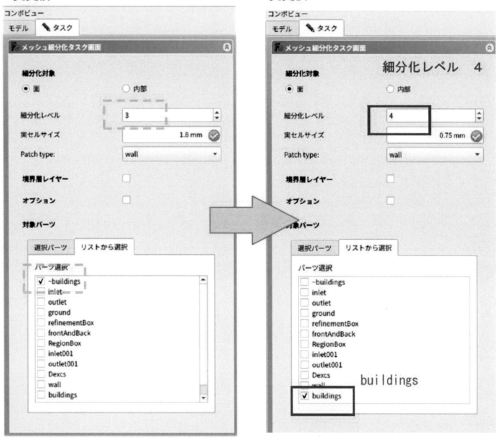

図2.14:

今は、全体のセルサイズの設定を未だ
修正していないため、実セルサイズの
違いを気にしなくても良い。

**境界層レイヤーをチェックオン
残りはデフォルトのまま**

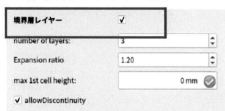

図2.15:

⑤ 「OK」を左クリックして修正した内容を確定する。

　ここで、~buildingsのほうを削除してもよいのですが、あとで行う動作確認のときにエラーが発生すると~buildingsをエラーの原因調査のため参照する可能性があるため、残しておきます。問題がないことを確認したのちの最後に削除することにします。

　同様に、次の操作をしてください。

≪ inlet ≫
　① inletの名前を ~inletに変更する。
　② inlet001の名前をinletに変更する。

≪ outlet ≫
　① outletの名前を ~outletに変更する。
　② outlet001の名前をoutletに変更する。

≪ ground ≫
　① groundの名前を ~groundに変更する。
　② Dexcsの名前をgroundに変更する。
　③ MeshRefinement002を左ダブルクリックして編集する。
　　　　細分化レベル; 0のままでよい。
　　　　選択パーツ; groundだけにする。

≪ refinementBox ≫
　① refinementBoxの名前を ~refinementBoxに変更する。
　② RegionBoxの名前をrefinementBoxに変更する。
　③ MeshRefinement001を左ダブルクリックして編集する。
　　　　細分化レベル; 2のままでよい。
　　　　選択パーツ; refinementBox:Solid1だけにする。

　選択パーツ修正の操作方法がこれまでと異なるため図2.16〜図2.17に図示します。

図2.16:

1)「リストから選択」タブ　　　4)「選択パーツ」タブ
2) refinementBox を選択　　　5) ~refinementBox:Solid1 を選択
3) Solid1 をチェックオン　　　6)「削除」を左クリック

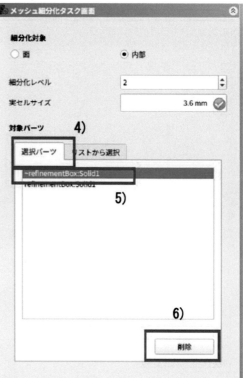

図2.17:

7)「OK」を左クリック

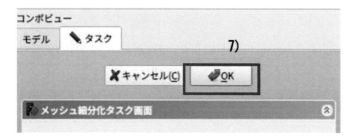

≪frontAndBack≫

　① frontAndBackの名前を ~frontAndBackに変更する。

　② wallの名前をfrontAndBackに変更する。

　③ MeshRefinement003を左ダブルクリックして編集する。

細分化レベル ; 0のままでよい。

Patch type ; symmetryのままでよい。

選択パーツ ; frontAndBackだけにする。

　今回の計算では、patchタイプがスリップ壁面でも対称面(symmetry)でも違いはありません。そもそもの目的が、dexcsPlusの例題をもとにして異なる形状へ利用することであるため、patchタイプはそのままにしてソルバー計算が順調に実行できるように修正するのを優先して、patchタイプなどの変更はそのあとに行えばよいという方針とします。よって次に進みます。

　ソルバー計算に関係ないシェイプを非表示にしてください（図2.18）。

図2.18:

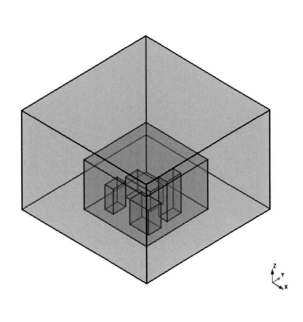
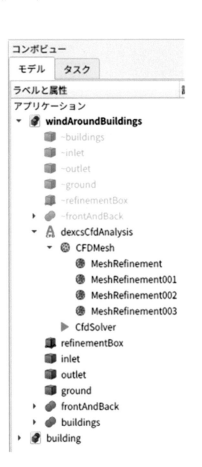

いったん、FreeCADのファイルを保存してください。

図2.19の操作をしてください。

図2.19: メッシュの作成

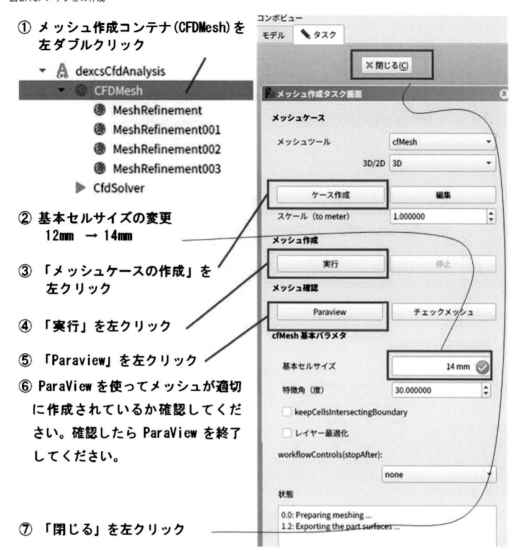

① メッシュ作成コンテナ（CFDMesh）を
　左ダブルクリック

② 基本セルサイズの変更
　12㎜ → 14㎜

③ 「メッシュケースの作成」を
　左クリック

④ 「実行」を左クリック

⑤ 「Paraview」を左クリック

⑥ ParaView を使ってメッシュが適切
　に作成されているか確認してくだ
　さい。確認したら ParaView を終了
　してください。

⑦ 「閉じる」を左クリック

　以前に記載した『dexcsPlusの例題の利用方針』に照らすと、あとはパッチ面inletの風向きの変更だけが残っています。

　試しにGridEditorを使ってみます。図2.20の操作をしてください。

図2.20: GridEditorの起動

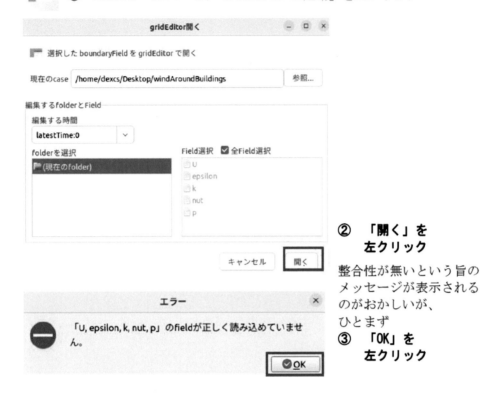

① DEXCSツールバーで、「GridEditorの起動」を左クリック

gridEditor開く

選択したboundaryFieldをgridEditorで開く

現在のcase　/home/dexcs/Desktop/windAroundBuildings　　参照...

編集するfolderとField

編集する時間
latestTime:0

folderを選択
（現在のfolder）

Field選択　☑ 全Field選択
U
epsilon
k
nut
p

キャンセル　　**開く**

**② 「開く」を
左クリック**

整合性が無いという旨の
メッセージが表示される
のがおかしいが、
ひとまず
**③ 「OK」を
左クリック**

エラー　　×

「U, epsilon, k, nut, p」のfieldが正しく読み込めていません。

OK

GridEditorの画面に境界条件の設定の一覧が表示されます（図2.21）。

図2.21: GridEditorの画面

	define patch at constant (boundary)	U (1)	epsilon (2)	k (3)	nut (4)	p (5)
field type dimensions		volVectorField; [0 1 -1 0 0 0 0];	volScalarField; [0 2 -3 0 0 0 0];	volScalarField; [0 2 -2 0 0 0 0];	volScalarField; [0 2 -1 0 0 0 0];	volScalarField; [0 2 -2 0 0 0 0];
otherNames		Uinlet (10 0 0);	epsiloninlet 0.03;	kinlet 1.5;		
internal Field		uniform (0 0 0);	uniform $epsiloninlet;	uniform $kinlet;	uniform 0;	uniform 0;
buildings	type wall;					
frontAndBack	type symmetry;					
ground	type wall;					
inlet	type patch;	type fixedValue; value uniform $Uinlet;	type fixedValue; value uniform $epsiloninlet;	type fixedValue; value uniform $kinlet;	type calculated; value uniform 0;	type zeroGradient;
outlet	type patch;	type pressureInletOutletVelocity; value uniform (0 0 0);	type inletOutlet; inletValue uniform $epsiloninlet; value uniform $epsiloninlet;	type inletOutlet; inletValue uniform $kinlet; value uniform $kinlet;	type calculated; value uniform 0;	type totalPressure; p0 uniform 0;

GridEditorでは、buildingsとgroundの行が空欄になっています。
また

othernames行-U(1)列	Uinlet (10 0 0);

inlet 行-U(1)列	type fixedValue; value uniform $Uinlet;

となっています。inlet 行-U(1)列の記載は

inlet 行-U(1)列	type fixedValue; value uniform (10 0 0);

と同じ意味になります。

　このあたりを修正して(0 10 0) に変えればよさそうに思えます。しかし、図2.22の方法ではうまくいきません。0フォルダー内のU、epsilon、k、nut、pというファイルの一部がGridEditorが対応していない書式で書かれているためで、いったんGridEditorで読み込んだあとで保存すると、その特殊な部分が欠落するためです。

図2.22:

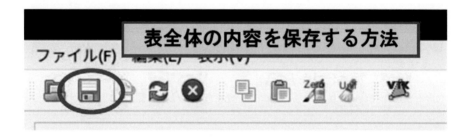

　対応する方法は3つ考えられます。

方法A：
　特殊な部分の欠落を見越して、GridEditorに表示されているセルをすべて記入する。

方法B：
　GridEditorの機能でセルの内容をエディターで修正する。

方法C：
　0フォルダー内のファイルを直接にエディターで修正する。

　ここでは、方法Bを行います。
　図2.23の操作をしてください。

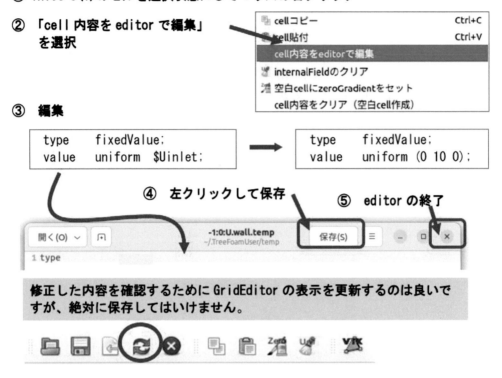

① **inlet-U(1)のセルを選択状態にしてマウスの右クリック**

② **「cell 内容を editor で編集」を選択**

③ **編集**

方法Cの概要

方法Cの概要は以下の通りです。

0/U ファイルをエディターで開いて、

    Uinlet (10 0 0); を Uinlet (0 10 0); に

修正して保存する。

これにより、U の input {} に記載されている

    type fixedValue;

    value uniform $Uinlet;

という記載は

    type fixedValue;

    value uniform (0 10 0);

という意味になる。

計算開始時の領域全体の初期状態の速度場Uは、方法Bでは(10 0 0)となり方法Cでは(0 10 0)と

なります。今回は定常計算のため、原理的には計算結果への影響はありません。方法Cを採用しなかった理由は、0/Uファイルを開くと特殊な記載の内容についての説明がどうしても必要になるためです。

では、ソルバー計算実行と計算結果可視化を行います。

2.4 計算実行

図2.24〜図2.25の操作をしてください。

図2.24:

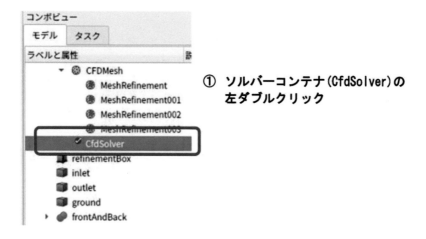

① ソルバーコンテナ（CfdSolver）の
左ダブルクリック

図2.25:

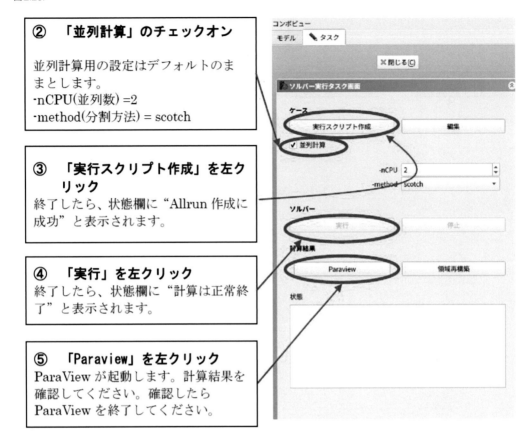

② 「並列計算」のチェックオン

並列計算用の設定はデフォルトのま
まとします。
-nCPU(並列数)=2
-method(分割方法) = scotch

③ 「実行スクリプト作成」を左ク
リック

終了したら、状態欄に"Allrun 作成に
成功"と表示されます。

④ 「実行」を左クリック
終了したら、状態欄に"計算は正常終
了"と表示されます。

⑤ 「Paraview」を左クリック
ParaView が起動します。計算結果を
確認してください。確認したら
ParaView を終了してください。

　図2.26はソルバー計算の残差グラフで、最初の例題のときとグラフの線の形が大きく異なってい
ます。
　ふたつの例題は、建物などの形状、メッシュサイズ、風速などの境界条件が同等です。system/
fvSchemesとsystem/fvSolutionの内容が異なっているため、グラフの形が異なっています。
fvSchemes(差分スキームの設定)とfvSolution(代数計算ソルバーの設定)については非常に高度な
内容になるため、説明を割愛します。

図2.26:

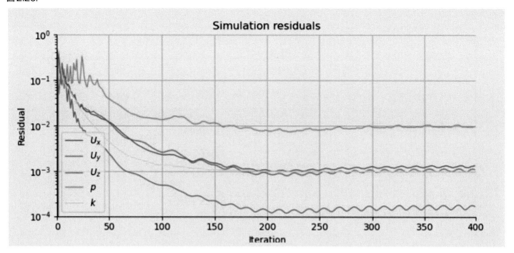

計算結果を図化して確認するのは以前と同様のため、説明を割愛します。

以上

付録A

A.1 マニュアル

DEXCS版OpenFOAMのマニュアルを閲覧するときは、図A.1〜図A.2の操作をしてください。

図A.1:

① デスクトップの「DEXCS」を
左ダブルクリックしてください。

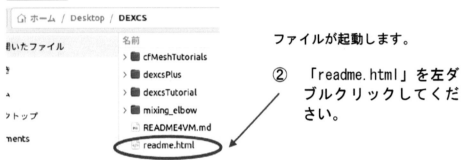

ファイルが起動します。

② 「readme.html」を左ダ
ブルクリックしてくだ
さい。

図A.2:

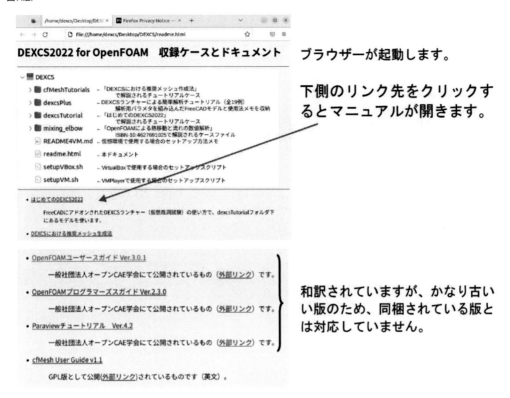

ブラウザーが起動します。

下側のリンク先をクリックするとマニュアルが開きます。

和訳されていますが、かなり古い版のため、同梱されている版とは対応していません。

最新版のマニュアルは英語版となり、下記から入手できます。

cfMeshのマニュアル

ファイルを起動して、以下のpdfのファイルを開いてください。

```
/opt/DEXCS/launcherOpen/doc/User_Guide-cfMesh_v1.1.pdf
```

あるいは、ブラウザーの入力バーに以下のテキストを入力しても開きます（さきほどの和訳版の保存先と同じ場所で、file・・・doc/までは同じです）。

```
file:///opt/DEXCS/launcherOpen/doc/User_Guide-cfMesh_v1.1.pdf
```

開発元(https://cfmesh.com/cfmesh/)のサイトからも入手できます。

OpenFOAMユーザーズガイドとプログラマーズガイド

開発元のサイト

https://www.openfoam.com/

上記のサイトから

Documentation→User Guide

(https://www.openfoam.com/documentation/user-guide)

上記のサイトから

Documentation→Tutorial Guide(プログラマーズガイド)

(https://www.openfoam.com/documentation/tutorial-guide)

ParaViewチュートリアル

　開発元のサイト

　https://www.paraview.org/

　上記のサイトから

　Resources(https://www.paraview.org/resources/)

　（図 A.3）

図 A.3:

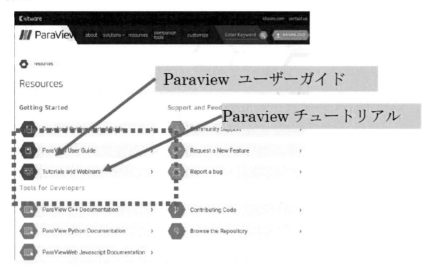

A.2　入手方法

　DEXCS版OpenFOAMはLinux/ubuntu(OS)の上で稼働するように設計されています。DEXCS版OpenFOAMは以下のようなオープンソース・ソフトウェアが含まれていて無償で利用可能で、商用利用も可能です。

　　・OpenFOAM

　　・Linux/ubuntu(OS)

　　・ParaView

　　・FreeCAD

DEXCS版OpenFOAM2022の入手先

　DEXCS版OpenFOAM2022は下記のDEXCS研究会のサイトから無償で入手できます（リンク先は岐阜高専のサイトです）。

　DEXCS ダウンロード：http://dexcs.gifu-nct.ac.jp/download/

　入手するファイルはiso形式という起動ディスクのイメージファイルです。このファイルを使って起動ディスクを作成してインストール作業を行ってください。起動ディスクを作成する方法は使用者のパソコン環境によって様々であるため、説明を割愛します。

A.3　インストール方法

　インストールをするにはインターネットに接続できる環境が必要です。インストールしようとしているパソコンに、有線LANケーブルでインターネットに繋ぐ方法が無難です。無線LANを使う場合は機器のマニュアルを調べて、各自で対応してください。

　筆者はVirtualBoxという仮想マシンをWindows(OS)で使っていますが、仮想マシンの設定については割愛します。以下からのインストール方法は、DEXCSの起動ディスクが立ち上がったあとからの説明です。

図A.4:

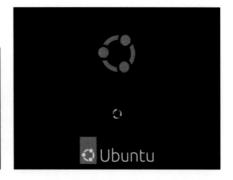

図A.5:

そのまま待つ　　　　　　　　　　　下の画面が表示されるまで待つ

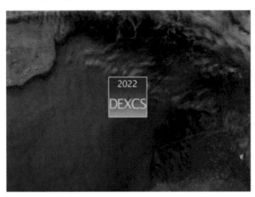

著者はVirtualBoxを使っているため、右上図の状態のように画面の下と右が見切れてしまっています。見切れている場所にインストールに必要なボタンがあります。キーボードから「Alt+F7」を押すと、マウスのアイコンが手の形に変わります。そのままマウスを動かすと、平行画面が移動します。適当な位置でマウスをクリックすると、マウスのアイコンの形がもとに戻ります。

図A.6:

これくらいの位置にしてください　　キーボードレイアウト
① 日本語の選択　　　　　　　　　　（それぞれの環境に応じた設定）
② 「インストール」を左クリック　　① Japanese
　　　　　　　　　　　　　　　　　　② Japanese
　　　　　　　　　　　　　　　　　　③ 「続ける」を左クリック

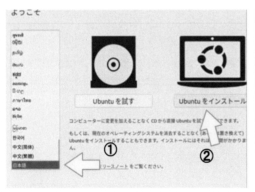
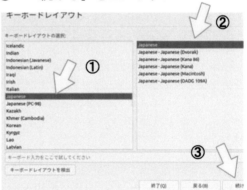

図A.7:

① 「通常のインストール」を選択	⑤ 「ディスクを削除して...」など、それ
② 「Ubuntuの...」をチェックオン	ぞれの環境に応じた設定
③ 「グラフィック...」は任意	⑥ 「インストール」を左クリック
④ 「続ける」を左クリック	

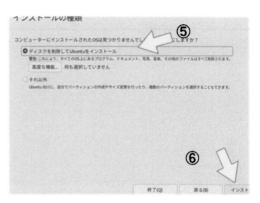

　図A.1の「ディスクを削除して…」とは、内蔵HDDの内容をフォーマットしたのち、Linuxをインストールすることです。通常はこれを選んでください。VirtualBoxのような仮想マシン上にインストールしようとしている場合は、仮想HDDをフォーマットしてインストールすることです。以下の説明は「ディスクを削除して…」を選択した場合です。

　既に他の環境がインストールされているHDDがあれば、「…とは別にインストール」という項目も表示されます。再インストールのときは「ディスクを削除して…」を選択すればよいですが、デュアルブート環境にするときは表示されている選択肢をよく読んでください。

図A.8:

① 「続ける」を左クリック	② タイムゾーンの設定
	③ 「続ける」を左クリック

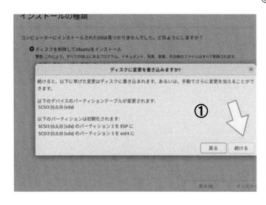 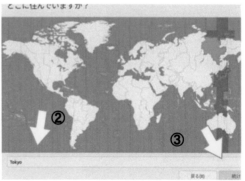

図 A.9:

①アカウント情報の入力

②「続ける」を左クリック

インストールが始まるとインターネットから必要なファイルが自動的にダウンロードされます。インストールが終わるまで長時間かかるのでしばらく待ってください。

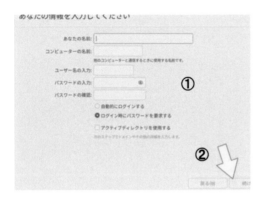

図 A.10:

インストールが終了すると、システムの再起動をしてもよいかを確認するメッセージが表示されます。
①「今すぐ再起動」を左クリック

Please remove the insallaton medium, then pres ENTER

②キーボードの「ENTER」キーを押す

図A.11:

そのまま待つ

再起動が始まりました
そのまま待つ

図A.12:

そのまま待つ

① 「今すぐインストールする」を左
クリック

 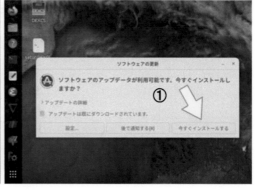

図A.13:

① パスワードの入力

そのまま待つ

 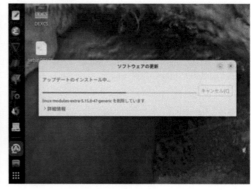

図A.14:

①「OK」を左クリック

②　デスクトップの SetupDEXCS.sh を右クリック。表示されたメニューから「プログラムとして実行」を左クリッ

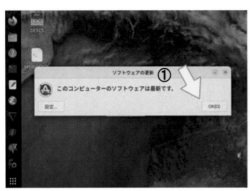
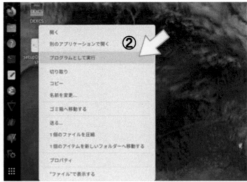

図A.15:

①アカウントの選択

②パスワードの入力

図A.16:

以下は仮想マシン環境の場合です
詳細は公式のインストールマニュアルを参照してください

デスクトップの「DEXCS」を左ダブ
ルクリックして開く

適したほうで、右クリック→プログ
ラムとして実行

付録B

B.1　参考資料のリスト

DEXCS版の開発者様のページ

Dexcs2022 for OpenFOAM リリースノート
　https://ocse2.com/?p=15086

Dexcs2022 for OpenFOAM の利用・インストール方法
　https://www.slideshare.net/etsujinomura/dexcs2022ofinstallpdf-253426289

DEXCS2022 for OpenFOAM不具合・更新情報
　https://ocse2.com/?p=15151

B.2　参考図書のリスト

　OpenFOAMによる熱移動と流れの数値解析(第2版)
　一般社団法人オープンＣＡＥ学会編 森北出版(2021)

　基礎からのFreeCAD [三訂版]
　坪田 遼 工学社(2021)

　はじめてのParaView
　林 真 工学社(2014)

著者紹介

小南 秀彰（こみなみ ひであき）

サークル「Sagittarius_Chiron」代表。オープンCAE研究会＠静岡の幹事。もともとCAE（Computer Aided Engineering）には縁のなかった現場付きのプラントエンジニアだったが、乱読と独学によりオープンソースのCAE（Computer Aided Engineering）を始めたのちは趣味がCAEになっている。

◎本書スタッフ
アートディレクター/装丁：岡田章志＋GY
編集協力：山部沙織
ディレクター：栗原 翔
〈表紙イラスト〉
フキタトキト
美大卒業後ゲーム会社で勤務していて現在はフリーランスのイラストレーターに転身
お仕事としては美少女や背景のものが多いですが本当は獣医や動物の研究職になりたかった経緯もあり動物書くのが一番好きなので趣味でこそこそ書いております、特に馬と猛禽類と恐竜がお気に入り。

技術の泉シリーズ・刊行によせて
技術者の知見のアウトプットである技術同人誌は、急速に認知度を高めています。インプレス NextPublishing は国内最大級の即売会「技術書典」(https://techbookfest.org/) で頒布された技術同人誌を底本とした商業書籍を2016年より刊行し、これらを中心とした『技術書典シリーズ』を展開してきました。2019年4月、より幅広い技術同人誌を対象とし、最新の知見を発信するために『技術の泉シリーズ』へリニューアルしました。今後は「技術書典」をはじめとした各種即売会や、勉強会・LT会などで頒布された技術同人誌を底本とした商業書籍を刊行し、技術同人誌の普及と発展に貢献することを目指します。エンジニアの"知の結晶"である技術同人誌の世界に、より多くの方が触れていただくきっかけになれば幸いです。

インプレス NextPublishing
技術の泉シリーズ　編集長　山城 敬

●お断り
掲載したURLは2024年3月1日現在のものです。サイトの都合で変更されることがあります。また、電子版ではURLにハイパーリンクを設定していますが、端末やビューアー、リンク先のファイルタイプによっては表示されないことがあります。あらかじめご了承ください。
●本書の内容についてのお問い合わせ先
株式会社インプレス
インプレス NextPublishing　メール窓口
np-info@impress.co.jp
お問い合わせの際は、書名、ISBN、お名前、お電話番号、メールアドレス に加えて、「該当するページ」と「具体的なご質問内容」「お使いの動作環境」を必ずご明記ください。なお、本書の範囲を超えるご質問にはお答えできないのでご了承ください。
電話やFAXでのご質問には対応しておりません。また、封書でのお問い合わせは回答までに日数をいただく場合があります。あらかじめご了承ください。

●落丁・乱丁本はお手数ですが、インプレスカスタマーセンターまでお送りください。送料弊社負担に てお取り替え
させていただきます。但し、古書店で購入されたものについてはお取り替えできません。
■読者の窓口
インプレスカスタマーセンター
〒 101-0051
東京都千代田区神田神保町一丁目 105 番地
info@impress.co.jp

技術の泉シリーズ

はじめよう DEXCS OpenFOAM

2024年3月22日　初版発行Ver.1.0（PDF版）

著　者	小南 秀彰
編集人	山城 敬
企画・編集	合同会社技術の泉出版
発行人	高橋 隆志
発　行	インプレス NextPublishing
	〒101-0051
	東京都千代田区神田神保町一丁目 105 番地
	https://nextpublishing.jp/
販　売	株式会社インプレス
	〒101-0051　東京都千代田区神田神保町一丁目 105 番地

ISBN978-4-295-60205-7

NextPublishing®
●インプレス NextPublishingは、株式会社インプレスR&Dが開発したデジタルファースト型の出版
モデルを承継し、幅広い出版企画を電子書籍＋オンデマンドによりスピーディで持続可能な形で実現し
ています。https://nextpublishing.jp/